NOTIONS ÉLÉMENTAIRES

DE

MÉCANIQUE RATIONNELLE

MISE A LA PORTÉE

DES

PERSONNES ÉTRANGÈRES AU CALCUL INFINITÉSIMAL

PAR

CH. PH. CAHEN

CAPITAINE DU GÉNIE
ANCIEN ÉLÈVE DE L'ÉCOLE POLYTECHNIQUE

PARIS

CH. TANERA, ÉDITEUR

RUE DE SAVOIE, 6

1877

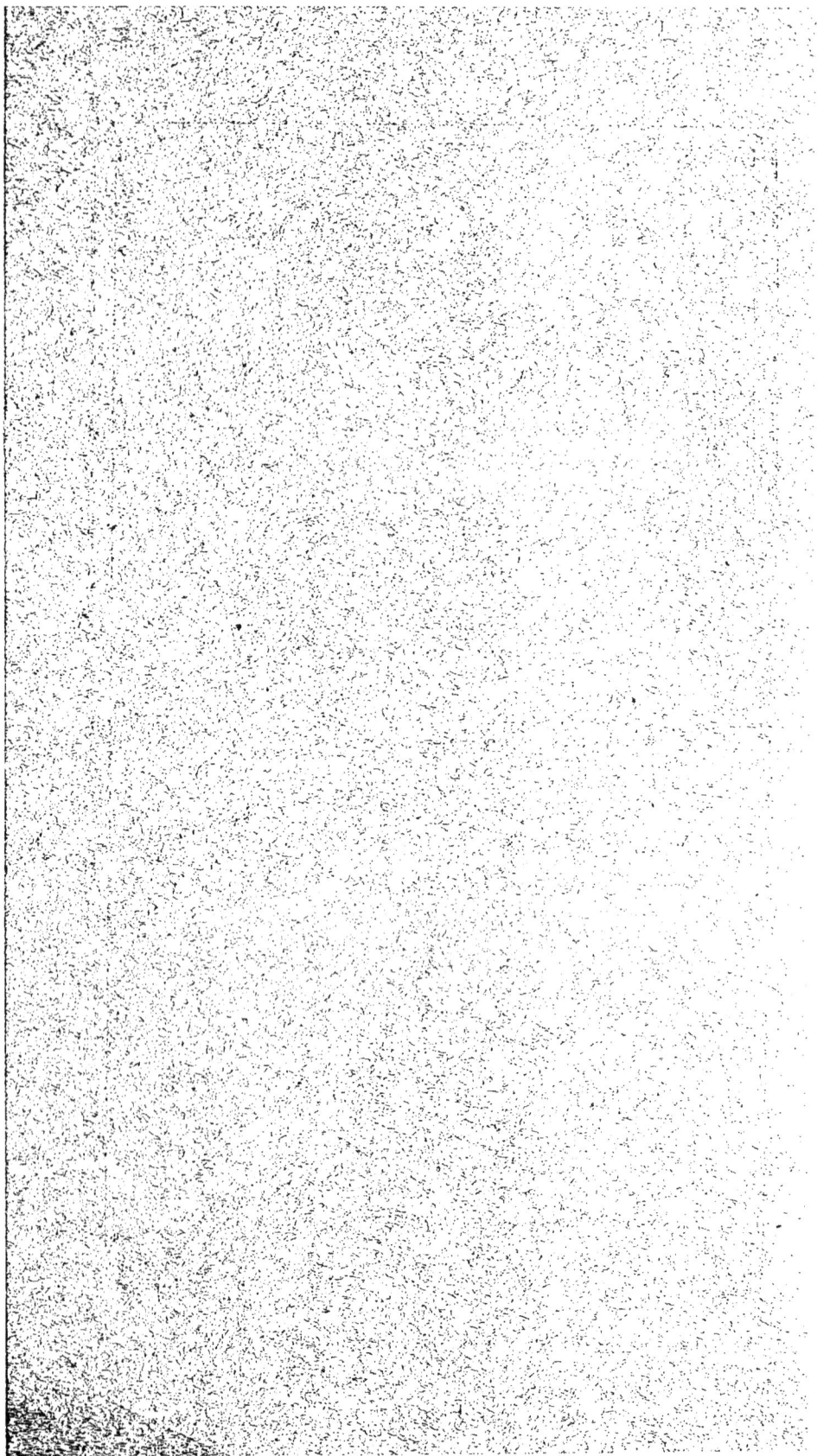

NOTIONS ÉLÉMENTAIRES

DE

MÉCANIQUE RATIONNELLE

PARIS

TYPOGRAPHIE GEORGES CHAMEROT

19, RUE DES SAINTS-PÈRES, 19

NOTIONS ÉLÉMENTAIRES

DE

MÉCANIQUE RATIONNELLE

MISE A LA PORTÉE

DES

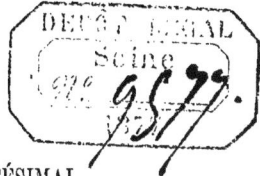

PERSONNES ÉTRANGÈRES AU CALCUL INFINITÉSIMAL

PAR

CH. PH. CAHEN

CAPITAINE DU GÉNIE
ANCIEN ÉLÈVE DE L'ÉCOLE POLYTECHNIQUE

PARIS

CH. TANERA, ÉDITEUR

6, RUE DE SAVOIE, 6

—

1877

DÉDIÉ

A

M. LE GÉNÉRAL SALANSON

COMMANDANT L'ÉCOLE POLYTECHNIQUE

TABLE DES MATIÈRES

1

LIVRE DEUXIÈME. — DYNAMIQUE.

CHAPITRE PREMIER.

MOUVEMENTS DUS A DES IMPULSIONS ANTÉRIEURES.

Première section. — Translation des sphères homogènes.

Deuxième section. — Mouvement d'un corps sous l'influence
d'impulsions antérieures.

Troisième section. — Mouvement produit par un couple d'impulsions antérieures.

CHAPITRE DEUXIÈME.

MOUVEMENTS DUS A DES FORCES.

Première section. — Action des forces sur un point matériel.

CHAPITRE TROISIÈME.

DES PUISSANCES VIVES.

LIVRE TROISIÈME. — STATIQUE.

CHAPITRE PREMIER.

DÉFINITION DE L'ÉQUILIBRE.

CHAPITRE SECOND.

CONDITIONS D'ÉQUILIBRE.

FIN DE LA TABLE DES MATIÈRES.

PRÉFACE

Depuis le commencement de ce siècle, la géométrie supérieure secouant le joug de l'analyse algébrique avait réussi à voler de ses propres ailes.

Les méthodes de Chasles, on le sait, ne le cèdent guère en élégance ni en fécondité à celles de Descartes.

La mécanique, elle aussi, était restée longtemps l'humble subordonnée du calcul transcendant.

Cependant Poncelet déjà avait réagi contre cette servitude en créant la mécanique appliquée.

L'ouvrage de Poncelet nous présente des contrastes intéressants entre la discussion d'équations différentielles faciles à établir, il est vrai, mais dont l'intégration présente des obstacles insurmontables, et la méthode géométrique qu'il avait créée et qui, parlant à la fois à l'esprit et aux sens, présente une image concrète et fait pénétrer dans les profondeurs les plus intimes des phénomènes.

Mais Poncelet s'était borné à la mécanique appliquée.

Poinsot, au contraire, sut faire ressortir le véritable avantage qu'ont les méthodes géométriques sur toutes

les autres, même dans le domaine de la mécanique rationnelle, de développer en quelque sorte le sentiment
des vérités de la mécanique.

Sa théorie de l'ellipsoïde d'inertie ne laisse plus aucune incertitude dans notre esprit sur les lois au premier abord si complexes du mouvement d'un corps sous
l'action d'impulsions antérieures.

Les principes fondamentaux de la mécanique rationnelle sont d'une telle simplicité que rien ne semble plus
s'opposer à leur développement par la méthode géométrique.

Nous avons fait dans cette voie une tentative qui,
nous n'en doutons pas, sera suivie par de plus habiles,
désireux de marcher sur la trace des Poncelet et des
Poinsot, et notre espoir le plus vif est de voir un jour
la mécanique rationnelle cesser d'être le domaine exclu-
sif des hautes écoles et devenir abordable au plus grand
nombre.

Vulgariser une science quand ce n'est pas aux dépens de la rigueur des démonstrations, c'est rendre
service à ceux auxquels cette science est nécessaire.

Nous croyons donc avoir fait une œuvre utile en es-
sayant de mettre cette science à la portée de tous ceux
qui possèdent quelques connaissances de mathématiques
élémentaires.

C'est cette dernière considération qui nous a déterminé à entreprendre ce travail.

Disons maintenant, pour terminer, quelques mots sur
la marche que nous avons suivie.

DISCUSSION DE LA MARCHE SUIVIE
DANS CET OUVRAGE.

Dans l'exposition d'une science on peut suivre ou l'ordre historique ou l'ordre logique.

L'ordre historique est presque toujours le plus instructif et souvent le plus intéressant.

Il a l'avantage de nous faire suivre les différentes péripéties par lesquelles ont passé les savants avant d'arriver à la découverte de ces vérités fondamentales qui sont tombées aujourd'hui dans le domaine des débutants et qui nous paraissent évidentes par leur simplicité, surprenantes par la fécondité de leurs conséquences.

Mais à quoi serviraient les recherches de nos prédécesseurs si elles ne devaient pas nous faciliter l'accès des connaissances qu'ils ont passé leur vie à acquérir.

Nous énonçons donc dès le début ces fameux principes que le monde a mis des siècles à découvrir et qui ont fait de la mécanique une science rationnelle qui, comme la géométrie, édifie sur ces principes comme base une succession non interrompue de syllogismes, qui finissent par ne plus laisser aucune de ses profondeurs inexplorées.

C'est donc l'ordre logique que nous nous proposons de suivre.

Par ordre logique, on le prévoit, nous entendons ordre *synthétique*.

La marche *analytique* n'est pas toujours celle qu'ont effectivement suivie les inventeurs, mais celle qu'ils auraient pu ou dû suivre pour arriver par le plus court chemin à la connaissance de la vérité.

La marche *synthétique,* au contraire, est la voie la plus rapide pour enseigner des vérités déjà connues.

Elle débute par les principes fondamentaux et en déduit tous· les cas particuliers.

De la statique. — La statique, on le sait, n'est qu'un cas particulier de la dynamique qu'elle a précédée historiquement de dix-sept siècles. Aujourd'hui encore, beaucoup d'auteurs commencent par la statique à l'exemple de D'Alembert, qui déduit les équations générales du mouvement de celles de l'équilibre.

D'éminents géomètres, tels que Poinsot, ont fait des traités de statique qui sont à la portée des débutants, et ce n'est que dans les ouvrages d'un degré plus élevé qu'on présente la statique comme une conséquence de la dynamique.

La double prétention que nous avons eue de mettre la dynamique à la portée de ceux qui n'ont fait que des mathématiques élémentaires et d'abréger cet ouvrage autant que possible en y évitant des redites inutiles, nous a engagé à ne présenter la statique que comme un cas particulier de la dynamique.

De la cinématique. — La cinématique qui devait naturellement précéder la dynamique est une science qu'on a longtemps confondue avec la géométrie et à laquelle Ampère le premier donna un nom distinct (*).

Contrairement à la dynamique qui exige des études sérieuses qu'avant Galilée personne n'avait osé aborder,

(*) Carnot l'avait appelée géométrie de position.

et qui aujourd'hui encore rebutent tous ceux qui s'y adonnent sans préparation suffisante, contrairement à la dynamique, dis-je, la cinématique est une science qu'on peut embrasser sans autre bagage que quelques notions très-élémentaires de géométrie.

L'histoire nous offre de nombreux exemples de mécanismes fort ingénieux inventés par des hommes d'une instruction médiocre ; nous ne citerons en passant que le métier Jacquard, les machines à coudre, les métiers à filer, etc.

La cinématique est en réalité la science des mécanismes indépendamment des efforts déployés par leurs organes.

La dynamique, au contraire, et c'est ce qui la distingue de la cinématique, nous apprend à nous rendre compte des efforts mis en jeu par chacun des organes d'un mécanisme.

Les mécanismes les plus ingénieux peuvent donner lieu à des accidents et à des déboires, faute d'avoir tenu compte des effets dynamiques auxquels ils donnent lieu.

La machine la plus parfaite ne doit pas exiger pour se mouvoir de forces hors de proportion avec les services qu'elle peut rendre.

On voit par là que la connaissance de la cinématique doit forcément précéder celle de la dynamique qui n'est destinée qu'à la compléter.

Cinématique des vitesses. — Après avoir, au début de la cinématique, mis en évidence dans le mouvement le plus général que peut prendre une figure, la présence de deux modes de mouvements élémentaires, les translations et les rotations dont la simultanéité constitue le mouvement héliçoïdal, nous avons immédiatement fait ressortir de la comparaison de ces deux modes de mouvements les théorèmes des moments.

Des moments. — Il était naturel, en effet, d'une part, de présenter la notion purement géométrique des moments dégagée complétement de la dynamique dans laquelle elle aurait constitué un hors-d'œuvre et occasionné des longueurs ; mais, d'autre part, cette notion à laquelle l'étude de la mécanique seule a donné naissance, qu'Archimède avait trouvée en même temps que le principe du levier, ne nous a pas paru devoir être présentée, tout d'abord, comme un simple théorème de géométrie étranger à la mécanique, bien qu'au fond ce soit là son véritable caractère.

Cinématique des accélérations. — Ce n'est qu'à la cinématique des vitesses que s'applique ce que nous avons dit précédemment sur son analogie avec la géométrie et sur la simplicité de sa conception.

La cinématique des accélérations qui mériterait un nom à part, constitue déjà un degré de plus dans la hiérarchie de la science ; à la notion de masse près, c'est presque de la dynamique.

La notion d'accélération n'a pas, comme celle de vitesse, été connue par Aristote et les anciens ; elle ne fait son apparition qu'avec la loi de la chute des graves, et là encore il n'est question que d'accélérations tangentielles, et il faut aller jusqu'à Newton pour trouver des traces de la notion d'accélération normale.

Théorème de Coriolis. — La loi de la composition des

accélérations, connue sous le nom de *théorème de Coriolis,* donna naissance à un troisième genre d'accélérations non moins inattendu que l'accélération centripète, nous voulons dire l'accélération centripète composée.

Nous avons donné dans cet ouvrage une démonstration du théorème de Coriolis que nous croyons nouvelle et qui constitue une des applications les plus instructives de la notation symbolique si élégante et si féconde, que Poncelet le premier a eu l'idée d'employer pour exprimer une relation entre une résultante et ses composantes, et qui a été adoptée plus tard par M. Resal dans son cours de mécanique à l'École polytechnique.

Nous terminons enfin la cinématique des accélérations comme celle des vitesses par quelques notions sur les moments.

Dynamique. — Des impulsions. — Si quelque auteur s'avisait un jour de faire un traité de cinématique commençant par la cinématique des accélérations et se terminant par celle des vitesses, il s'attirerait à juste titre (si toutefois pareille chose était réalisable) des reproches de la part de tous les mathématiciens.

Pourquoi, en effet, lui dirait-on, prendre le taureau par les cornes, pourquoi débuter par une idée que l'humanité a mis des siècles à concevoir au lieu de commencer par l'idée si simple, et en quelque sorte innée de vitesse et dont d'ailleurs celle d'accélération se déduit si aisément.

Et ne sommes-nous pas en droit de poser une question analogue à tous ceux qui jusqu'ici ont fait des traités de dynamique.

Pourquoi ont-ils débuté par la notion de force corré-

lative de l'accélération et non par celle d'impulsion cor-
rélative au même titre que celle de vitesse.

Serait-ce un pur amour du contraste qui les aurait
amenés à renverser en dynamique l'ordre naturel qu'ils
respectaient en cinématique ?

La notion de force est-elle donc plus naturelle que
celle d'impulsion ?

La réponse à cette dernière question va nous éclairer
complétement sur les causes de l'anomalie apparente que
nous venons de signaler.

La notion de force se présente à nous naturellement à
l'état statique par l'effort que produit un corps pesant
au repos sur son appui.

C'est parce que la statique est l'aînée des branches de
la mécanique, c'est parce que par elle ont débuté la plupart des traités, que la notion de force a usurpé le premier rang.

Mais du moment où nous nous décidons à ne considérer la statique que comme un cas particulier de la dynamique ;

Du moment où nous considérons la dynamique comme
n'étant au fond que la cinématique avec la notion de
masse en plus ;

Renverser, en passant à la dynamique, l'ordre suivi
dans la cinématique nous eût semblé peu justifié.

Mais ce n'est pas seulement un simple désir de symétrie entre la cinématique et la dynamique qui nous a
guidé dans cette voie.

Nous sommes convaincu en effet que, si l'on cesse
d'envisager la force au point de vue purement statique,
cette notion de force est bien plus complexe et bien
moins naturelle que celle d'impulsion.

Quand nous voyons un projectile cheminer dans l'air, notre premier mouvement est de songer à l'impulsion qu'il a dû recevoir ; quant à la gravité, *force* qui agit actuellement sur lui et qui unit ses effets à celle de l'impulsion première pour lui faire décrire sa parabole, nous n'y songeons que parce que nous avons suivi un cours de mécanique.

Un enfant n'y songera pas ; les anciens n'y songeaient guère.

On voit donc par cet exemple que la notion d'impulsion est pour nous tous antérieure à celle de force.

Un joueur de billard non mathématicien a rarement l'idée de songer au frottement qui est une force. Le coup de queue qui, en définitive, est une impulsion le préoccupe bien davantage.

Tels sont les motifs qui nous ont enhardi à rompre avec la tradition reçue.

Remarquons pour terminer qu'à toutes les raisons que nous venons d'indiquer pour expliquer la priorité qu'on a donnée à la notion de force, nous pourrions peut-être ajouter l'analyse infinitésimale, qui, par suite de l'adoption de ce système, donnait avec le théorème de D'Alembert, des équations d'une symétrie et d'une généralité si séduisantes.

L'inertique. — Nous avons suivi Poinsot qui avait prouvé combien il est simple de se passer de la notion de force pour établir, de la façon la plus complète, la loi du mouvement d'un corps sous l'influence d'impulsions antérieures.

Cette loi découle tout entière du principe d'inertie et son développement constitue presque une branche spéciale de la dynamique, que nous aurions volontiers appelée l'*inertique*.

La dynamique. — La dynamique, science des forces, découle aussi naturellement de la science des impulsions par simple dérivation, que l'accélération découle de la vitesse.

La composition des forces, la notion de force centripète et de force centripète composée se présentent immédiatement comme conséquences des notions analogues de la cinématique des accélérations.

Le seul principe réellement nouveau que contienne la dynamique proprement dite est celui des forces vives.

Nous avons insisté sur le double point de vue sous lequel ce principe peut être envisagé.

Au point de vue que nous pouvons appeler industriel, il peut servir à se rendre compte du travail d'une force.

Et à un point de vue plus élevé, mis en évidence par la théorie du choc, il nous dévoile une transformation de travail extérieur en travail moléculaire, et tout en nous permettant pour la première fois de rectifier les idées que nous nous sommes faites sur la constitution des corps naturels, il nous ouvre les horizons, malheureusement encore trop brumeux de la mécanique moléculaire et de la théorie mécanique de la chaleur.

Des applications. — Nous n'ignorons pas que l'enseignement de la mécanique n'est fructueux qu'accompagné de nombreuses applications.

Nous n'avons pas voulu rompre l'enchaînement méthodique des idées en insérant ces applications dans le texte même.

Mais nous donnerons un deuxième volume dans lequel elles seront réunies et qui servira de complément naturel au premier.

Histoire de la mécanique. — Ce traité se termine par une histoire sommaire de la mécanique.

On a cru bien faire en consacrant quelques pages à développer la marche suivie par l'esprit humain à la recherche de la vérité.

Un pareil spectacle est aussi intéressant qu'instructif.

Il est bon de savoir combien tardive a été la découverte de ces principes que tous nos écoliers arrivent aujourd'hui à s'assimiler sans efforts.

Cette notice historique a en outre l'avantage de contenir un grand nombre d'applications doublement intéressantes et par leur rôle dans l'histoire et par leur importance scientifique.

LIVRE PREMIER

CINÉMATIQUE

LIVRE PREMIER

CINÉMATIQUE

DÉFINITIONS

1. On sait que l'on entend par *grandeur* ou *quantité* tout ce qui est susceptible d'augmenter ou de diminuer.

Les mathématiques sont la science des grandeurs *mesurables.*

Dès qu'on sait mesurer une grandeur elle rentre dans le domaine des mathématiques.

La beauté, la gloire, etc..... sont des grandeurs dont on peut apprécier le plus ou le moins, mais qu'on ne peut pas mesurer.

Il en était de même dans l'antiquité, de la chaleur et du froid.

L'invention du thermomètre fit passer la chaleur dans le domaine des sciences exactes, et aujourd'hui un cours élémentaire de physique suffit pour mettre à la portée de tous de nombreux problèmes relatifs à la chaleur.

C'est ainsi que la science des nombres s'empare comme un engrenage de tout élément susceptible d'être mesuré.

2. Il n'est pas toujours besoin de définir l'objet que l'on mesure, pourvu qu'on sache le mesurer.

La définition de la chaleur était inconnue aux inventeurs du thermomètre.

. La définition de l'espace échappe au géomètre.

Et pourtant la géométrie est la science de l'espace considéré dans ses *formes* et dans ses *dimensions*.

Nous ne savons pas définir l'espace, parce que l'espace est illimité.

Nous savons définir une sphère qui n'est qu'une portion limitée de l'espace, ce qu'en géométrie on appelle un *volume*.

On ne peut pas davantage définir le mouvement.

3. Du mouvement. — Nous voyons une pierre qui tombe, nous constatons qu'elle s'approche de la terre, ou plutôt que la terre et la pierre se rapprochent entre elles.

Mais quelle est celle des deux qui est immobile, ou si elles se déplacent toutes deux, quelle est celle qui va le plus vite?

Nous l'ignorons pour le moment, quoiqu'il soit passé à l'état d'habitude d'affirmer que c'est la pierre qui tombe, que c'est elle seule qui est en mouvement.

Pour rester dans la rigueur d'une définition mathématique, nous sommes obligé d'ajouter : en mouvement *relativement* à la terre supposée immobile.

Nous renonçons ici à définir le mouvement absolu comme nous avons renoncé en géométrie à définir l'espace.

Nous ne définirons que le mouvement *relatif,* qui sera le seul dont nous ayons à nous occuper.

4. Définition du mouvement relatif. — Nous dirons qu'une figure F' est en mouvement par rapport à une figure F, lorsque la position relative des deux figures changera, c'est-à-dire lorsqu'il se produira des variations entre les distances de chacun des points de la première figure à chacun des points de la seconde.

5. Double point de vue sous lequel on peut considérer le mouvement. — L'idée de mouvement n'est pas nouvelle pour les lecteurs de cet ouvrage.

Elle est d'un emploi fréquent en géométrie.

Pour démontrer les cas d'égalité des triangles, on a effectué des superpositions qui exigeaient le déplacement d'une figure.

Pour définir une figure de révolution, on a eu recours au mouvement d'une ligne autour d'un axe.

Nous citons à dessein ces deux exemples dans lesquels le mouvement est envisagé sous deux points de vue très-différents.

Dans le premier exemple, on ne s'inquiète que des positions extrèmes de la figure déplacée et nullement des positions intermédiaires.

Dans le second exemple, où il est question de la génération d'une surface par une ligne, ce sont, au contraire, les positions initiale et finale de cette ligne, qui ont une importance secondaire, et c'est la suite des positions intermédiaires qui attire notre attention.

Ce double aspect sous lequel on peut envisager le déplacement d'une figure, est corrélatif au double aspect sous lequel on a envisagé l'espace en géométrie, FORME et DIMENSIONS.

CHAPITRE PREMIER

DU MOUVEMENT CONSIDÉRÉ AU POINT DE VUE PUREMENT
GÉOMÉTRIQUE

PREMIÈRE SECTION

DU MOUVEMENT CONSIDÉRÉ INDÉPENDAMMENT DE LA
TRAJECTOIRE

PREMIÈRE PARTIE

MOUVEMENT D'UN POINT

6. **Amplitude du mouvement d'un point.** — Dans ce qui va suivre, nous commencerons par faire abstraction de la *forme* de la courbe parcourue par chacun des points de la figure mobile pour ne nous occuper que de la *distance* entre chacun de ces deux points dans sa position initiale et dans sa position finale.

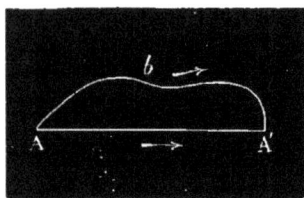

Quelle que soit la courbe A b A' qu'ait suivie un point pour passer d'une première position A à une seconde position A', nous dirons que la distance AA', comptée de A en A' (direction marquée par une flèche), est *l'amplitude* du mouvement du point.

7. Résultante, composantes. — Supposons maintenant qu'un point placé d'abord en A subisse un premier déplacement qui l'amène en B ; puis un deuxième déplacement qui l'amène de B en C, un troisième de C en D.

Quelles que soient les lignes droites ou courbes parcourues par notre point mobile, les amplitudes de ses déplacements successifs seront A B, B C, C D.

L'amplitude finale du déplacement qui résulte de ces trois déplacements successifs est A D, qui pour cette raison se nomme l'amplitude RÉSULTANTE, tandis que les amplitudes A B, B C, C D sont dites COMPOSANTES.

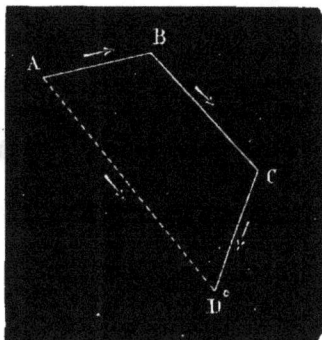

8. Insistons en passant sur ce point que le mot amplitude A B signifie :

Non-seulement une LONGUEUR A B, mesurée sur une DIRECTION déterminée, mais encore dans un sens déterminé de A vers B.

Si la même amplitude était mesurée de B vers A on dirait l'amplitude B A au lieu de A B.

On se conformera d'ailleurs à la règle des signes déjà mise en évidence dans les cours de géométrie élémentaire en admettant que

$$+ A B = - B A.$$

Nous pouvons dès maintenant énoncer les théorèmes suivants :

9. *La résultante ne change pas lorsqu'on intervertit l'ordre des composantes.*

Considérons deux composantes successives A B et B C,

dont l'inversion donne lieu à une composante A D, égale

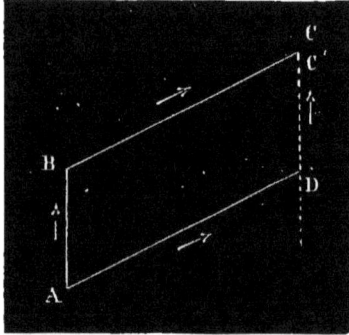

et parallèle à B C, et à une composante D C' égale et parallèle à A B.

Les points C et C' se confondront puisqu'en joignant D C on forme un parallélogramme.

Il est clair d'ailleurs qu'en intervertissant de proche en proche des composantes successives, on peut arriver à en intervertir deux quelconques.

10. *La résultante de deux amplitudes n'est autre chose que la diagonale du parallélogramme construit sur ces deux amplitudes.*

Ce théorème est rendu évident par l'examen de la figure précédente dans laquelle A C est la résultante de A B et de B C.

11. *La résultante de trois amplitudes n'est autre chose que la diagonale du parallélipipède construit sur ces trois amplitudes.*

Le simple tracé de la figure suffit pour rendre ce théorème évident.

12. *La projection sur un plan d'une résultante est elle-même la résultante des composantes projetées.*

Il faut, pour l'interprétation de cet énoncé, se rappeler que, si *a* et *b* sont respectivement les projections des points A et B, la projection de l'amplitude A B sera *a b* et celle de B A sera *b a*.

Cette même remarque appliquée aux projections sur une droite donne lieu au théorème suivant :

13. **Projection des composantes et de la résultante.** — *La projection sur une droite de la résultante est la somme algébrique des projections des composantes.*

14. Si nous convenons avec Poncelet de représenter par $\bar{R}$ la projection d'une amplitude R sur une droite, et si l'amplitude R est la résultante des amplitudes $a, b, c. \ldots$ on exprimera le théorème précédent par la relation :

$$\bar{R} = \bar{a} + \bar{b} + \bar{c} + \ldots$$

Réciproquement

15. *Lorsqu'on aura entre les amplitudes* R, *a, b, c, la relation*

(1) $$\bar{R} = \bar{a} + \bar{b} + \bar{c} + \ldots$$

Quelle que soit la droite sur laquelle on projette ces amplitudes, cela voudra dire que R *sera la résultante de a, b, c.*

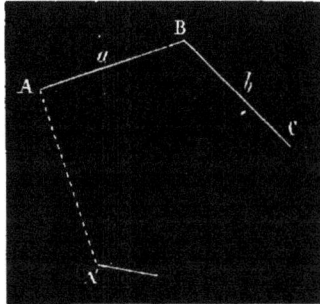

Pour le démontrer partons d'un point A, et portons à la suite les unes des autres des longueurs A B, B C, etc., respectivement égales, parallèles et de même sens que a, b, c, soit A' l'extrémité de la dernière de ces longueurs.

On aura :

(2) $$\overline{AA'} = \bar{a} + \bar{b} + \ldots$$

Les relations (1) et (2) vraies, quelle que soit la droite sur laquelle on projette, le seront encore si l'on projette sur A A', ou sur un plan perpendiculaire à A A'.

Dans ce dernier cas on aura $\overline{AA'} = 0$, donc aussi $\bar{a} + \bar{b} + \bar{c}. \ldots = 0$, donc R = 0, ce qui prouve que R et AA' sont parallèles.

Dans le premier cas $\overline{AA'} = AA' = a + b + \ldots = R$. Ce qui prouve bien que R n'est autre chose que AA' —.

SECONDE PARTIE

MOUVEMENT D'UNE FIGURE

16. On ne peut définir à priori l'amplitude du mouvement d'une figure. — Tant qu'on ne s'occupe que du mouvement d'un point, il est naturel de désigner sous le nom d'*amplitude* du mouvement la distance rectiligne entre la position initiale et la position finale du point.

Mais qu'entendrons-nous par amplitude du déplacement d'une figure.

Et pourtant cette amplitude est chose que nous avons intérêt à savoir mesurer; car, comme nous l'avons vu plus haut, pour introduire un élément dans le domaine des mathématiques, il faut avant tout savoir le mesurer.

17. Il est un cas particulier où nous ne sommes nullement embarrassé de définir l'amplitude du mouvement d'une figure.

On a vu en géométrie ce qu'on appelle figures homothétiques. On a vu aussi que, lorsque le centre d'homothétie s'éloigne de plus en plus, les deux figures finissent par devenir égales et peuvent, par conséquent, être considérées comme représentant deux positions successives d'une même figure.

Mais ces deux positions ont cela de remarquable :

Qu'une droite quelconque de la première figure, transportée dans la seconde, reste parallèle à elle-même ;

Que les droites qui joignent la position initiale d'un point quelconque à sa position finale, sont toutes égales et parallèles.

Les amplitudes des déplacements de tous les points de la figure sont donc égales.

Et l'on peut dire, dans ce cas, que l'amplitude du déplacement de la figure n'est autre que celle d'un quelconque de ses points.

18. Amplitude d'un mouvement de translation. — Lorsqu'une figure se meut ainsi, de façon à rester constamment homothétique à sa première position, son mouvement est dit de TRANSLATION.

Nous savons maintenant ce qu'il faut entendre par amplitude d'un mouvement de TRANSLATION d'une figure.

19. Mouvement d'une figure; cas général. — Examinons donc le cas général d'une figure F qui, ayant subi un déplacement arbitraire, est venue en F'.

Prenons trois points quelconques de la figure F.

Ces trois points A, B, C sont venus occuper, dans la figure F', les positions A', B', C'.

Les amplitudes des déplacements de ces trois points sont respectivement AA', BB' et CC'.

Par un point quelconque o, de l'espace, menons trois droites oa, ob, oc, respectivement égales et parallèles aux trois déplacements AA', BB', CC' de ces trois points.

Soit m un point QUELCONQUE, pris sur la base abc de la pyramide $oabc$, joignons le point m à chacun des points a, b et c.

Nous pouvons considérer l'amplitude oa comme résultante des amplitudes om et ma.

De même ob et oc comme résultantes respectives de om et mb et de om et mc.

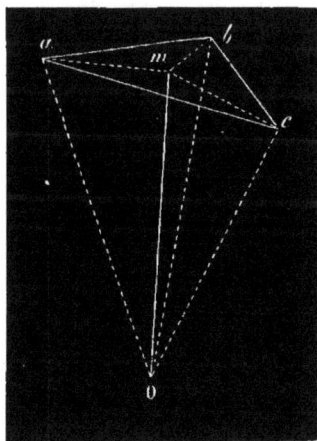

On voit donc que le mouvement d'ensemble de la figure F peut être considéré comme résultant :

1° D'un premier mouvement tel que les trois points A, B, C aient tous trois des amplitudes égales à om, c'est-à-dire d'un mouvement de translation suivant *om;*

2° D'un second mouvement dans lequel les trois points A, B et C se déplacent tous trois parallèlement à la direction du plan *abc,* base de la pyramide *oabc.*

20. Mais, si l'on se reporte à la définition que nous avons donnée du mouvement, on voit que :

Dire que la figure F se déplace par rapport au plan P, de façon que les distances des points A, B, C de cette

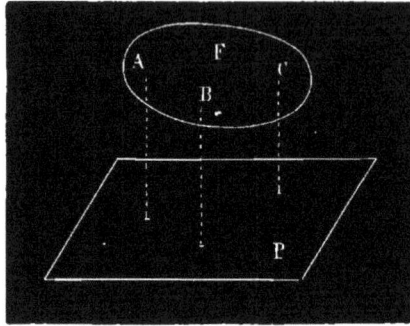

figure au plan P restent invariables — revient à dire que, si l'on prend la figure F comme repère, le plan P se déplace par rapport à cette figure, de façon à rester constamment à la même distance respective des trois points fixes A, B et C. Et comme les trois points A, B et C sont arbitrairement choisis, et non en ligne droite, cela veut dire que le plan P glisse sur lui-même.

Il résulte de là que :

Tous les points de la figure F restent à une distance constante du plan P,

C'est-à-dire que, dans la seconde période du mouvement de la figure F,

Les amplitudes des mouvements de chacun des points de cette figure sont toutes parallèles au plan P.

L'étude d'un pareil mouvement revient à étudier le mouvement d'une figure plane dans son plan, car la section de la figure F par un plan Q, parallèle au plan P, aura dans la figure F' une position différente, mais dans le même plan Q.

21. Mouvement d'une figure plane dans son plan. — Pour étudier le cas général du mouvement, nous avons considéré celui de trois points arbitraires de la figure mobile.

Dans le cas plus restreint du mouvement d'une figure plane dans son plan, il suffira de considérer le mouvement de deux des points de la figure mobile. Celui de tout autre point invariablement lié aux deux premiers, en sera la conséquence forcée.

22. Considérons donc les points A et B qui sont venus en A' et B'.

Nous voyons tout d'abord que (sauf le cas très-particulier où les droites A B et A'B' se trouveraient être parallèles et de même sens), une simple translation ne suffit pas pour amener la figure A B sur A'B'.

Donc :

Théorème. — *Pour amener la figure* F *en* F', *il faut au moins* UNE *rotation.*

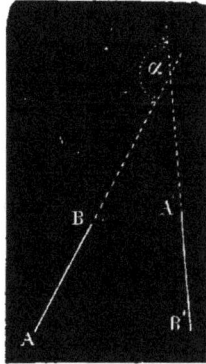

23. Cette rotation devant amener AB à avoir la direction A'B', l'angle de rotation total sera forcément égal à l'angle α que font entre elles les directions AB et A'B'. — Donc :

Théorème. — *Quel que soit le moyen employé pour amener* AB *en* A'B', *l'angle total de rotation sera toujours le même.*

24. Il résulte de là que le moyen le plus simple d'amener AB en A'B' serait une rotation unique d'un angle α.

Le point de rencontre *o* des perpendiculaires élevées respectivement aux milieux de A A' et de B B' étant pris pour centre de rotation, on

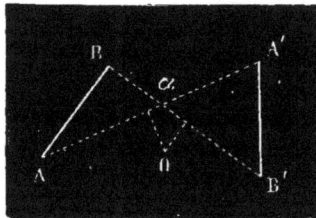

voit que AB viendra coïncider avec A'B' après avoir tourné de l'angle α.

Une rotation autour du point *o* ainsi déterminé est donc le moyen le plus simple d'amener AB sur A'B'.

25. Retour au cas général. — Si nous revenons maintenant à notre figure F de l'espace, nous voyons que :

Le mouvement de cette figure de F en F' peut être considéré comme résultant :

1° D'une translation suivant *om*, et 2° d'une rotation d'un angle déterminé α autour d'un axe perpendiculaire au plan *abc*.

26. Nous avons une idée très-nette d'une part de ce qu'on appelle amplitude d'une translation ;

D'autre part, de ce qu'on peut appeler amplitude angulaire d'une figure tournant autour d'un axe déterminé.

Ce sont ces deux éléments qui composent l'amplitude du mouvement d'une figure.

27. Un seul point reste à éclaircir ; nous avons choisi arbitrairement le point *m* sur la base de la pyramide *oabc*.

L'amplitude de la translation ainsi que la position de l'axe de rotation sont donc arbitraires.

Mais si nous convenons de mener *om* perpendiculaire au plan *abc*, toute ambiguïté cessera, et nous aurons une idée très-nette de ce qu'il faut entendre par amplitude du mouvement d'une figure.

28. Quelques corollaires. — Ce qui précède donne lieu à quelques conséquences importantes.

L'axe de rotation est, comme nous l'avons vu, perpendiculaire au plan *abc*, base de notre pyramide *oabc*.

Or les points A, B, C, ont été choisis arbitrairement ; si l'on avait pris, en leur lieu et place, les points A, B, D, par exemple, on aurait trouvé les mêmes résultats, la même direction d'axe ; on voit donc que les plans abc et abd se confondent.

Donc :

Théorème. — *Si, par un point o, on mène des droites égales et parallèles aux amplitudes des déplacements de tous les points d'une figure, les extrémités de toutes ces droites seront dans un même plan.*

29. Théorème. — *Les projections de toutes ces droites sur une perpendiculaire à ce plan, sont égales.*

Ce théorème peut encore s'énoncer ainsi :

30. Théorème. — *Les projections des amplitudes de déplacement de chaque point d'une figure sur l'axe de rotation sont égales.*

31. **Amplitude angulaire.** — Ajoutons, pour préciser les idées, que l'amplitude angulaire du mouvement d'une figure autour d'un axe est l'angle dièdre dont a tourné autour de cet axe un plan passant par l'axe et invariablement lié à la figure mobile.

32. **Des translations et rotations considérées comme mouvements élémentaires.** — En recherchant ce qu'il faut entendre par amplitude du mouvement d'une figure, nous avons mis en évidence les deux genres de mouvements simples qui ne peuvent se remplacer l'un l'autre, et qui divisent en quelque sorte en deux parties l'étude de la mécanique :

Les translations

Et les rotations.

Et nous avons vu que le mouvement le plus général d'une figure se compose de ces deux genres de mouvements élémentaires mis en évidence par l'analyse que nous venons de faire.

La synthèse qui va suivre va nous dévoiler un troisième genre de mouvement qui n'est plus comme les deux précédents un mouvement simple, mais bien un mouvement composé des deux précédents, et c'est lui qui est, à proprement parler, le mouvement le plus général que peut prendre une figure pour passer d'une position à une autre.

33. Du mouvement héliçoïdal. — Soit XX′ un axe de rotation,

Soit A un des points d'une figure F.

Lorsque la figure F tourne autour de l'axe XX′, le point A décrit l'arc de cercle AA′.

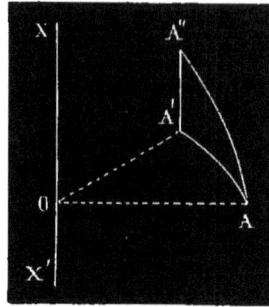

Lorsque la figure F, après cette rotation, subit une translation suivant XX′, le point A vient en A″ sur la parallèle A′A″ à XX′.

Traçons sur le cylindre A A′ A″ l'arc d'hélice A A″.

Nous pouvons considérer la rotation et la translation comme ayant eu lieu simultanément, et alors le point A aura suivi l'arc d'hélice A A″.

Il en est de même de tout autre point de la figure F.

On voit donc que :

Théorème. — *Toute figure* F *qui a passé à la position* F′ *peut être considérée comme s'étant déplacée d'un mouvement héliçoïdal.*

34. Le pas de l'hélice représente l'amplitude de TRANSLATION,

L'angle A*o*A′ l'amplitude de ROTATION, correspondant au déplacement de la figure.

SECONDE SECTION

DE LA TRAJECTOIRE CONSIDÉRÉE INDÉPENDAMMENT
DE LA VITESSE

PREMIÈRE PARTIE.

CENTRES INSTANTANÉS DE ROTATION ET LEUR USAGE EN GÉOMÉTRIE.

35. Mouvement continu d'une figure plane dans son plan. — Jusqu'ici nous n'avons envisagé le mouvement d'une figure qu'au point de vue de l'amplitude d'un mouvement déterminé. Les positions initiale et finale sont les seules dont nous ayons tenu compte.

Occupons-nous maintenant du mouvement continu, envisagé dans toutes les positions successives qu'occupe la figure mobile dans l'espace.

Mais, avant d'aborder cette étude dans toute sa généralité, nous examinerons le cas particulier auquel nous avons été ramené précédemment, le cas du mouvement d'une figure plane dans son plan.

Cela revient, comme on l'a vu, à examiner le mouvement de deux points de la figure.

Soit xx' la trajectoire d'un des points A de la figure mobile F, et yy' celle d'un point B de cette même figure.

Soit A la position du premier point au moment où le second point est en B.

Au moment où le point A sera venu en A', le point B sera venu au point d'intersection de la courbe y avec un arc de cercle décrit de A' comme centre avec AB pour rayon ; car la distance des points A et B de la même figure F est invariable.

3

Les perpendiculaires élevées aux milieux de A A' et de B B' se coupent en *o*, qui est, comme on l'a vu, le centre UNIQUE autour duquel il faut faire tourner A B pour l'amener en A' B' par une rotation unique.

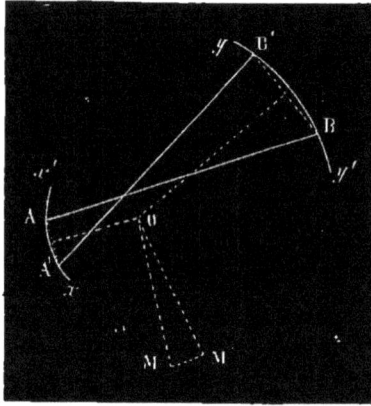

On a ainsi substitué des arcs de cercle aux arcs de courbe A A' et B B'.

Lorsque les points A' et B' se rapprochent de plus en plus de A et de B, les cordes A A' et B B', diminuant de plus en plus, tendent à prendre la direction des tangentes en A et en B, aux courbes *x x'* et *y y'*, et le point *o* s'approche de plus en plus du point d'intersection des normales en A et en B à ces deux courbes.

Si nous considérons un point quelconque M de la figure mobile **F,** il est clair que lorsque A B tourne autour de *o* pour venir en A' B', la figure F étant entraînée dans ce mouvement de rotation, le point M de cette figure décrira autour de *o* un arc de cercle M M'.

36. C'est-à-dire, en d'autres termes, que :

La normale à la trajectoire M M' *du point* M *passe par le point* o.

Ajoutons à cela que, lorsque les distances A A' et B B' vont en diminuant sans cesse, cette normale à la trajectoire du point M, ne cesse pas un instant de passer par le point *o*, qui lui-même ne cesse de se rapprocher du point de rencontre des normales en A et en B aux courbes *x x'* et *y y'*.

On peut donc dire que :

Théorème. — *Dans le mouvement d'une figure plane dans son plan, les normales aux trajectoires de chacun*

des points de la figure mobile concourent à chaque ins-
tant en un seul point.

Ce point se nomme le *centre instantané de rotation.*

37. Théorème. — *Le centre instantané de rotation*
décrit d'un mouvement continu une courbe continue.

Soit *o* le centre instantané correspondant à la position AB de la droite mobile, et *o'* le centre correspondant à la position A′B′ de
cette droite.

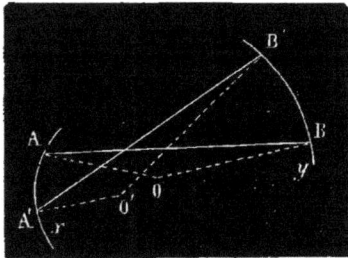

Lorsque les points A et
A′ se rapprochent, l'angle
des tangentes en A et A,
diminue d'une façon continue, donc aussi l'angle des
normales.

Les normales A*o* et B*o*
se déplacent donc d'une manière continue vers A′*o'* et
B′*o'*, avec lesquelles elles arrivent insensiblement à se
confondre, et pendant ce mouvement leur intersection
se déplace entre *o* et *o'*.

On voit donc que, quelque rapprochés que soient les
deux points *o* et *o'*, il y a entre ces points des positions
intermédiaires de l'intersection des normales considérées ; ce qui veut dire que *o o'* décrit une courbe continue.

38. **Mouvement continu ramené au roulement d'une**
courbe sur une autre. — Voyons maintenant de quelle
façon s'effectue le mouvement continu d'une figure plane
dans son plan.

Soient *o, o', o″, o‴*..... les positions successives du
centre *o*, correspondant à des positions successives
A B, A′B′, A″B″..... de la droite A B, c'est-à-dire aux
positions successives F, F′, F″..... de la figure mobile.

Le mouvement discontinu que prend la figure F pour
occuper successivement ces positions F, F′, F″..... se

compose, on l'a vu, d'une suite de rotations autour des centres successifs o, o', o''.....

Dans la rotation autour de o' le point o de la figure mobile F vient en c.

La rotation autour de o'' amène o' en c' et c en c_1.

La rotation autour de o''' amène o'' en c'', o' en c'_1 et o en c_2.

Et ainsi de suite.

On voit par là que les rotations successives que nous effectuons reviennent au fond à faire ROULER SANS GLISSE-

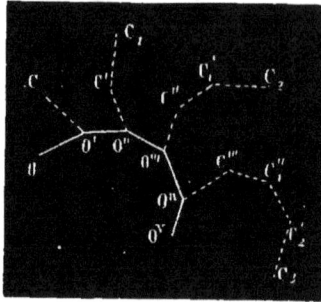

MENT l'un sur l'autre deux po-lygones dont l'un a pour som-mets la suite des positions du centre o dans le plan de re-père, et l'autre la suite des positions de ce même centre dans la figure mobile F.

Si nous passons maintenant au mouvement continu de la figure,

Le premier polygone $o\,o'\,o''$..... sera remplacé par la courbe, lieu du point d'intersection des normales aux divers points des trajectoires des points A et B, lieu que nous avons démontré être une courbe continue.

Le deuxième polygone $c\,c'\,c''$..... sera remplacé par la courbe, lieu des intersections successives des nor-males aux trajectoires supposées entraînées dans le mou-vement de la figure mobile F.

Ces deux courbes rouleront l'une sur l'autre sans glis-sement.

Ainsi :

39. Théorème. — *Le mouvement continu d'une figure plane dans son plan revient au roulement sans glissement d'une courbe sur une autre.*

40. Théorème. — *Le point de contact de ces deux*

courbes est à chaque instant le point de concours des normales aux trajectoires de chaque point.

41. Application à un exemple. — Nous allons éclaircir ceci par un exemple qui, outre qu'il donnera une idée très-nette du roulement l'une sur l'autre des deux courbes en question, aura l'avantage de faire ressortir l'utilité de l'emploi des considérations qui précèdent pour la résolution d'un grand nombre de problèmes de géométrie.

Proposons-nous donc de résoudre la question suivante :

Étant données deux droites fixes Ox, Oy.

Une droite AB de longueur déterminée se déplace de façon que ses extrémités restent constamment sur Ox et Oy, quelle est la courbe décrite par un point M entraîné dans le mouvement de AB.

La trajectoire du point A étant Ox, le centre instantané se trouve sur la perpendiculaire à Ox en A.

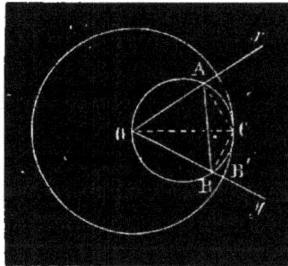

Pour des raisons analogues il se trouve aussi sur la perpendiculaire à Oy en B.

Il se trouve donc à l'intersection C de ces deux perpendiculaires.

L'angle ACB, supplément de O, est constant, donc, par rapport à la droite AB de longueur constante, le lieu de C est le segment capable de cet angle décrit sur AB, c'est-à-dire le cercle circonscrit au quadrilatère $ACBO$, lequel est inscriptible comme ayant deux angles opposés droits A et B, ce qui fait que OC est un diamètre de ce cercle.

La circonférence $ACBO$ est donc le lieu du centre instantané C, considéré comme invariablement lié à la droite mobile AB.

Pendant le mouvement de cette droite, la circonfé-

rence O A C B, entraînée dans ce mouvement, roule sur
une courbe qn'elle touche constamment au centre instantané C, extrémité du diamètre constant O C.

Le point C reste donc constamment sur une circonférence qui aurait O pour centre et O C pour rayon.

Nous avons donc substitué à la première question
cette autre question :

42. *Une circonférence roule sans glisser dans une
autre de rayon double. Trouver le lieu du point M entraîné dans ce mouvement.*

Remarquons d'abord que si le point M se trouvait être
un point de la circonférence mobile tel que B, ce lieu
serait un rayon de la grande circonférence, car on a constamment arc B C = arc B′ C en longueur, parce que l'angle C O B a pour mesure l'arc B′ C comme angle au
centre et $\frac{B C}{2}$ comme inscrit.

Ce qui prouve bien que B décrivant le rayon O B, le
petit cercle roule sans glisser dans le grand.

43. Cela posé, par le point M dont on cherche le lieu,

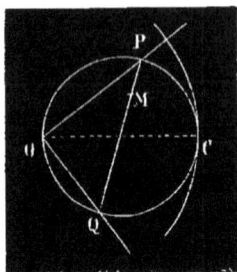

menons un diamètre P Q du petit
cercle.

D'après ce qui précède, le point P
décrit le rayon O P, et le point Q le
rayon O Q, lesquels sont rectangulaires parce que P Q est un diamètre.

On voit donc que le point M peut
être considéré comme entraîné par
une droite P Q de longueur constante
dont les extrémités glissent sur O P et O Q.

44. La considération du centre instantané nous a donc
conduit à ramener la résolution du problème général que
nous avons abordé à celle d'un cas doublement particulier.

Particulier, parce que nos droites Ox et Oy sont maintenant rectangulaires (OP et OQ).

Particulier aussi parce que le .point M qui, dans le premier énoncé avait une position arbitraire, se trouve maintenant sur la droite mobile P Q.

45. Cette dernière question peut être abordée d'une façon élémentaire dont la première, plus générale, n'était pas susceptible.

Menons par M la droite N H, et comparons les triangles rectangles semblables M Q H et O N H qui nous donnent :

$$\frac{MH}{NH} = \frac{MQ}{ON}$$

Le dernier de ces deux rapports a pour numérateur M Q, qui est une constante, et pour dénominateur O N, qui est égal à P M et constant aussi.

Donc le rapport $\frac{MH}{NH}$ des ordonnées des deux courbes, lieux de M et lieux de N, est constant.

Ce qui signifie (*Géom. élém.*, Courbes usuelles)

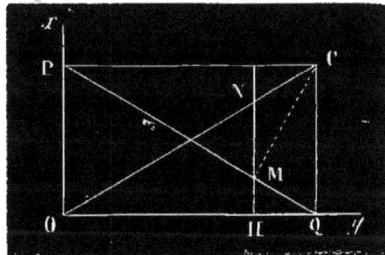

que la courbe, lieu de M, peut être considérée comme la projection de la courbe, lieu de N, sur un plan.

Mais comme O N = const., cette dernière courbe est une circonférence.

Donc la première courbe, c'est-à-dire le lieu de M, est une ellipse.

C étant le centre instantané de rotation, C M est une normale à l'ellipse, lieu du point M.

46. Cet exemple prouve que la théorie qui précède, outre qu'elle nous donne des idées nettes sur le mouvement d'une figure plane dans un plan, peut être dans

certain cas une précieuse ressource comme moyen de
résolution de questions de géométrie pure.

SECONDE PARTIE

AXES INSTANTANÉS DE ROTATION

47. Mouvement d'une figure dont un point reste fixe.
— Nous venons d'examiner le mode de mouvement d'une
figure plane dans son plan.

Avant d'aborder le problème du mouvement des figures dans toute sa généralité, nous examinerons encore
un cas particulier qui tire son importance de considérations auxquelles nous allons être amené plus loin sur le
mouvement des corps autour de leur centre de gravité.

Ce cas particulier est celui où un des points de la
figure est supposé fixe; la figure est alors assujettie à
tourner autour de ce point fixe d'une façon quelconque.

48. Mouvement d'une figure sphérique sur la sphère.
— Si nous concevons une sphère ayant ce point fixe
pour centre, et si nous désignons par A et B deux des
points de la figure mobile F, situés sur la surface de
cette sphère, il est clair que l'étude du mouvement de
la figure F revient à celle des deux points A et B à la
surface de la sphère, car la position de la figure F résultera toujours sans ambiguïté de celle des points A et B.

49. Mais nous pouvons alors répéter sur cette sphère
tout ce qui a été dit précédemment sur le mouvement
d'une figure plane dans son plan en substituant partout
au mot *ligne droite* le mot *arc de grand cercle*.

50. On peut donc affirmer dès maintenant que le
mouvement d'une figure sphérique sur la sphère revient
au roulement sans glissement l'une sur l'autre de deux
courbes tracées sur la sphère.

Si l'on imagine que les courbes tracées sur une sphère servent de base à des cônes ayant leurs sommets au centre de la sphère, on peut dire que :

51. Théorème. — *Le mouvement d'une figure F dont un des points reste fixe revient au roulement sans glissement l'un sur l'autre de deux cônes ayant tous deux leur sommet au point fixe.*

La génératrice de contact se nomme axe *instantané de rotation*.

52. **Cas général du mouvement continu d'une figure.** — Passons de là au cas général du mouvement d'une figure F.

D'après la définition qu'on a donnée du mouvement, si nous prenons pour repère supposé fixe un quelconque A des points de notre figure, nous sommes ramené au cas précédent, c'est-à-dire que la figure F est entraînée par un cône C′ roulant sans glisser sur le cône C.

Si maintenant, revenant au premier repère, on restitue au point A son mouvement, les cônes C et C′ seront entraînés avec le point A.

Le mouvement de ces cônes est un mouvement de TRANSLATION, car on a vu que les axes de rotation employés à un instant donné pour passer d'une position à une position voisine, conservent toujours la même direction et le même angle, quel que soit le mode de translation qui accompagne la rotation.

Les génératrices de nos cônes restent donc parallèles à elles-mêmes indépendamment de l'état de repos ou de mouvement du point A et quel que soit ce point.

Cela prouve bien que le mouvement de nos cônes est un simple mouvement de translation qui n'est autre que celui du point qu'on a choisi pour sommet.

53. **Autre façon d'aborder le cas général du mouvement continu.** — On aurait pu aussi aborder directement

le cas général en considérant les trajectoires x, y et z de trois points A, B et C de la figure mobile F, et en remarquant que le déplacement qui amène ces trois points respectivement en A′ B′ C′ donne lieu à un axe instantané héliçoïdal parfaitement déterminé (19 et 33).

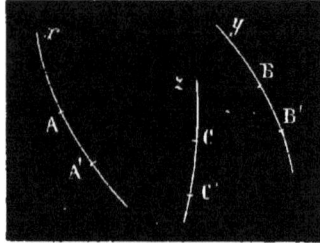

On aurait pu démontrer que la suite de ces axes instantanés héliçoïdaux détermine une surface réglée,

Et ramener ainsi le mouvement continu de la figure F à celui des deux surfaces réglées l'une sur l'autre;

Chaque génératrice de contact constituant un axe héliçoïdal instantané, c'est-à-dire un axe de rotation et de glissement le long de sa direction.

Nous n'insistons pas ici sur cette manière d'envisager le mouvement, parce que la première sera d'un usage beaucoup plus commode par la suite.

CHAPITRE SECOND

CINÉMATIQUE PROPREMENT DITE

PREMIÈRE SECTION

DES VITESSES

PREMIÈRE PARTIE

DÉFINITION DE LA VITESSE

54. Jusqu'ici nous n'avons, à vrai dire, fait que de la géométrie, car en géométrie déjà on déplace des figures.

Du temps. — Nous allons faire intervenir maintenant un nouvel élément dont la géométrie fait abstraction, et dont la présence est le caractère de la cinématique, nous voulons dire le TEMPS.

On ne sait pas définir le temps pas plus qu'on n'a su définir l'espace et le mouvement.

Mais on appelle TEMPS ÉGAUX les durées de phénomènes identiques qui se produisent successivement.

On conçoit dès-lors une durée double, triple, etc., d'une autre, et l'on voit que l'on peut adopter une unité de temps arbitraire.

55. Vitesse. — Pour comparer entre eux deux mouvements, il faut tenir compte, non-seulement de leur direction, de leur sens, mais encore de leur durée.

Lorsqu'un mouvement s'effectue en moins de temps, on dit vulgairement que sa vitesse est plus grande.

Nous allons tâcher de préciser ici le sens mathématique du mot vitesse.

Mais avant d'aborder le cas général, occupons-nous d'un cas particulier, celui du mouvement uniforme.

56. Mouvement uniforme. — On dit qu'un point se meut d'un mouvement uniforme, lorsque les espaces parcourus par ce point dans le même temps sont toujours égaux, quelle que soit l'étendue de ce temps.

Deux mouvements uniformes s'effectuant simultanément, on dit que la vitesse du premier est double, triple, etc., de celle du second, si les espaces parcourus dans le même temps sont doubles, triples, etc.

Ce qui revient à dire que :

57. *Les vitesses de deux mouvements uniformes sont*

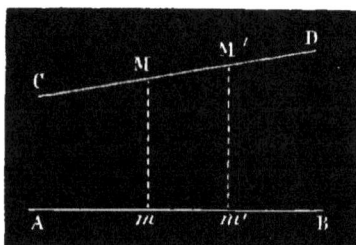

dans le rapport des espaces parcourus pendant le même temps.

Si nous considérons un point M qui se meuve d'un mouvement uniforme sur la droite C D avec la vitesse V, la projection m de ce point sur A B aura, elle aussi, un mouvement uniforme, et les vitesses de ces deux mouvements seront dans le rapport $\dfrac{v}{V} = \dfrac{m\,m'}{M\,M'} = \cos \alpha$ des espaces parcourus simultanément.

On a donc :

$$v = V \cos \alpha$$

58. Considérons maintenant une ligne polygonale A B C D, dont le contour est parcouru par un point mobile M d'un mouvement uniforme avec la vitesse V.

Si nous projetons à chaque instant le point M sur l'axe $x\,x'$, le point m cheminera sur $x\,x'$ avec les vitesses :

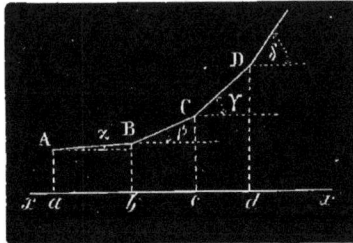

$V \cos \alpha$ de a en b
$V \cos \beta$ de b en c
$V \cos \gamma$ de c en d etc.

Le mouvement étant d'ailleurs uniforme pendant chacune de ces périodes.

59. Si nous considérons le polygone précédent comme inscrit dans une courbe, et ses côtés diminuant de plus en plus, nous sommes conduit, par extension, à donner la direction M V de la tangente en M à la vitesse V du point M qui se meut d'un mouvement uniforme sur la courbe A D, et à

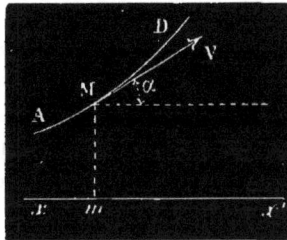

admettre que celle du point m sera $v = V \cos \alpha$, α étant l'angle de la tangente en M à la courbe avec $x\,x'$.

60. **Vitesse d'un mouvement varié.** — Nous avons donc été amené, par ces considérations, à comparer la vitesse V d'un mouvement varié à la vitesse v d'un mouvement uniforme, prise pour unité.

Nous savons maintenant mesurer la vitesse d'un mouvement varié, celle d'un mouvement uniforme nous servant de base de comparaison ou d'unité.

On voit sur la figure que, bien que déterminée pour chaque point, cette vitesse varie d'une manière continue et suivant la même loi que $\cos \alpha$.

61. Si le mouvement du point M lui-même était varié,

la relation $v = V \cos \alpha$ n'en subsisterait pas moins; on peut donc dire d'une manière générale que :

62. *Le rapport de deux vitesses est égal à la limite vers laquelle tend le rapport des espaces parcourus simultanément, lorsque le temps de ce parcours diminue indéfiniment.*

Le mode de raisonnement que nous avons employé met en évidence cette vérité dont nous ferons un fréquent usage :

63. Théorème. — *La vitesse d'un mouvement projeté est égale à la projection de la vitesse du mouvement qu'on projette.*

64. Représentation des vitesses. — Ce théorème suppose que, selon l'usage, on représente une vitesse par une ligne ab, d'une longueur proportionnelle à la grandeur de la vitesse qu'elle représente, et dont la direction et le sens (indiqué par une flèche) sont précisément la direction et le sens de la vitesse considérée (*).

(*) De même que l'on a en géométrie élémentaire, après avoir établi :

1° Que la surface d'un rectangle est proportionnelle à la hauteur $= h$;

2° Que cette même surface est proportionnelle à la base $= b$;

Conclu qu'on peut prendre le produit bh de la base par la hauteur comme mesure de la surface,

De même aussi en partant de ce fait, que l'espace parcouru dans le mouvement uniforme est proportionnel à la vitesse et au temps, on conclut que,

Dans le mouvement uniforme, on aura :

$$e = vt,$$

à condition de choisir convenablement les unités; en posant $t = 1$, il reste $e = v$, c'est-à-dire que v REPRÉSENTE ALORS L'ESPACE PARCOURU DANS L'UNITÉ DE TEMPS.

65. Vitesse angulaire. — Lorsqu'une figure tourne autour d'un axe $x\,x'$, les arcs dé-crits dans le même temps par deux points M et m de la figure sont proportionnels aux distances de ces points à l'axe.

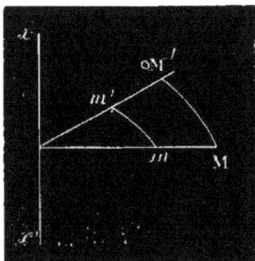

Les vitesses de ces deux points sont donc dans le même rapport.

On peut donc écrire : ω étant un coëfficient constant, r la distance à l'axe d'un point animé d'une vitesse de rotation V au-tour de l'axe

$$V = \omega\,r$$

Que signifie le facteur ω ?

Pour l'interprétation de ce facteur, supposons $r = 1$, d'où résulte $V = \omega$.

C'est-à-dire que ω n'est autre chose que *la vitesse d'un point situé à l'unité de distance de l'axe.*

C'est ce qu'on appelle *la vitesse angulaire* du mouve-ment de rotation de la figure.

66. Représentation d'une vitesse angulaire. — Nous exprimerons la vitesse angulaire de la fi-gure F autour de l'axe $x\,x'$ par une lon-gueur $a\,b$ portée sur cet axe et proportion-nelle à la valeur de ω.

Nous mettrons la flèche en b pour expri-mer que, pour un observateur ayant les pieds en a et la tête en b, la rotation a lieu dans le sens des aiguilles d'une montre.

Si la rotation a lieu en sens inverse, nous mettrons la flèche en a.

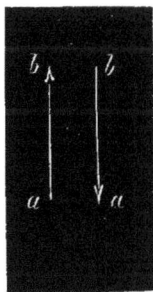

Nous appelons la première rotation $+\,a\,b$ ou $-\,b\,a$, et la seconde $-\,a\,b$ ou $+\,b\,a$.

DEUXIÈME PARTIE

COMPOSITION DES VITESSES

67. Des mouvements simultanés d'un point. — Une bille roulant sur le pont d'un navire, son centre décrit sur ce pont une trajectoire déterminée par rapport au navire supposé fixe et pris comme repère du mouvement de la bille.

Le navire lui-même, pendant ce temps, se déplace et franchit, par rapport au rivage supposé immobile, un chemin déterminé.

La terre elle-même se déplace par rapport au soleil supposé immobile et pris comme repère.

On peut se proposer, connaissant :

1° Le mouvement de la bille par rapport au bateau ;

2° Le mouvement du bateau par rapport au rivage ;

3° Le mouvement de la terre par rapport au soleil,

De trouver quel est le mouvement de la bille par rapport au soleil supposé fixe.

Supposons un instant la bille immobile sur le bateau, et le bateau immobile sur l'eau.

La terre seule se déplace en entraînant la bille, et fait décrire au centre de cette bille le chemin ab pendant le temps t.

Le bateau, entraîné dans le même mouvement d'ensemble de la terre, occupe successivement les positions $B_1 B_2 B_3$, — la bille n'ayant pas changé de place sur le bateau.

68. Supposons, en second lieu, que le bateau marche.

Le mouvement de la terre qui l'entraîne tend à le faire passer successivement par les positions $B_1 B_2 B_3$. — Mais comme en même temps le bateau marche sur l'eau, il aura pris en réalité les positions successives $B_1 B'_2 B'_3$.

b c sera le chemin décrit par la bille par suite du mouvement du bateau SEUL, *a b* le chemin décrit par la bille par suite du mouvement de la terre seule, et enfin *a c* sera le chemin suivi par la bille par ces deux mouvements ayant lieu simultanément.

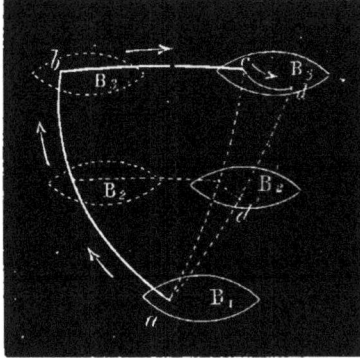

69. Enfin si, dans le même temps *t* que met la terre à entraîner tout le système suivant *a b* que met le bateau à entraîner la bille suivant *b c,* si dans ce même temps, dis-je, la bille roule sur le bateau suivant *c d ;*

On voit qu'en réalité la bille a passé par le point *d'* et a suivi le chemin *a d' d.* Nous concluons de là que :

70. Théorème. — *Plusieurs mouvements qui animent un même point pendant le temps* t *produisent le même effet sur ce point, qu'ils soient successifs ou simultanés.*

Ce théorème peut s'appeler aussi :

PRINCIPE de l'indépendance des effets des mouvements successifs.

Il résulte de là que :

71. Théorème.— *L'amplitude du mouvement d'un point résultant de plusieurs mouvements simultanés, est la résultante des amplitudes de chacun de ces mouvements.*

Nous allons démontrer maintenant que :

72. **Composition des vitesses d'un point.** — *La vitesse qui résulte de plusieurs mouvements simultanés est la résultante des vitesses de chacun de ces mouvements.*

Le théorème que nous venons d'énoncer est évident dans le cas particulier où les mouvements composants sont uniformes, parce qu'alors les vitesses, tant composantes que résultantes, sont proportionnelles et de même direction que les déplacements effectués dans une même période de temps.

Lorsqu'un point est ainsi animé de plusieurs mouvements simultanés uniformes, et qu'on projette ces mouvements sur une droite quelconque, on aura donc :

$$\overline{V} = \overline{v} + \overline{v'} + \ldots$$

Si les mouvements qu'on a projetés ne sont pas rectilignes, les mouvements projetés seront variés et la relation précédente signifie que :

Dans ces *mouvements variés simultanés, rectilignes et de même direction, la vitesse résultante est la somme des vitesses composantes.*

73. Mais cet énoncé devient général si l'on remarque qu'un mouvement rectiligne varié quelconque peut toujours être considéré comme projection d'un mouvement uniforme qui s'effectuerait sur une courbe convenablement choisie.

L'énoncé précédent est donc général et s'applique par suite à tout mouvement rectiligne varié, et notamment à celui qui résulterait de la projection sur une droite quelconque de mouvements quelconques. C'est-à-dire qu'on peut considérer comme générale la formule :

$$\overline{V} = \overline{v} + \overline{v'} + \ldots$$

ce qui démontre le théorème de la composition des vitesses énoncé ci-dessus.

74. **Mouvements simultanés d'une figure.** — Il est clair que, tant qu'on n'a affaire qu'à des *translations,* tout ce que nous venons de dire sur la composition des vitesses d'un point, s'applique à chacun des points de notre figure et à la figure elle-même.

75. Mouvement d'une figure. — Avant d'aborder le cas général de la composition des vitesses des divers points d'une figure mobile, examinons comme précédemment le cas particulier du mouvement d'une figure plane dans son plan.

Rappelons, ce que nous avons déjà établi, que le mouvement *continu* d'une figure plane dans son plan, revient au roulement d'une courbe sur une autre, et que nous sommes arrivés à établir cette vérité en faisant tourner la figure autour des sommets successifs d'un polygone inscrit dans la courbe fixe;

Que, pendant ce mouvement élémentaire, chaque point M de la figure mobile décrit un petit arc de cercle M M′.

Le rapport entre les chemins parcourus M M′ et $m\,m'$ par deux points est et reste égal au rapport des distances R et r de ces points au centre instantané C, quelle que soit l'amplitude du déplacement. C'est donc aussi le rapport des vitesses des points M et m (*).

On peut donc dire que :

Dans le mouvement d'une figure plane dans son plan :

76. Théorème. — *Les vitesses de chacun des points de la figure mobile sont entre elles dans le même rapport que si la figure tournait autour du centre instantané.*

Ainsi :

A un instant quelconque, la vitesse du point M sera perpendiculaire à M C et égale à $V = \omega r$, r étant la distance M C du point M au centre instantané, et ω un coëfficient numérique.

77. *La vitesse du centre instantané est nulle, et ce point est le seul qui jouisse de cette propriété.*

(*) Il y a entre ces deux vitesses une relation analogue à celle qui existe entre un mouvement et ce mouvement projeté, et qui a servi à définir la vitesse d'un mouvement varié.

78. Composition d'une rotation et d'une translation perpendiculaire à l'axe. — Considérons maintenant une figure plane mobile dans son plan.

Soit C la position du centre instantané à un moment donné.

Supposons que la figure mobile, ainsi que le plan de repère, soient tous deux entraînés par un mouvement de translation de vitesse v, c'est-à-dire que la courbe mobile continue à rouler sur la première, mais que cette première elle-même chemine parallèlement à elle-même dans son plan et est actuellement animée de la vitesse v.

Dès lors le point C cessant d'avoir une vitesse nulle, cesse par cela même d'être le centre instantané du mouvement composé résultant des deux premiers mouvements.

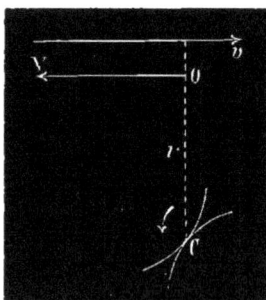

Chercher quel est le nouveau centre instantané, revient à chercher quel est le point du plan qui a une vitesse nulle;

Cela revient à chercher quel est le point du plan auquel la rotation autour de C tend à imprimer une vitesse égale et opposée à v.

Ce point se trouve sur la perpendiculaire C O, menée par C à v, car les points de cette perpendiculaire sont les seuls dont la vitesse de rotation autour de C soit parallèle à v.

Un point O de cette perpendiculaire dont la distance à C est égale à r, aura une vitesse de rotation égale à $\omega r = V$.

Si nous avons choisi la longueur r telle que l'on ait $V = \omega r = v$, le point O sera animé à la fois :

D'une vitesse V provenant de ce qu'il tourne autour de O et d'une vitesse v provenant de l'entraînement général.

Ces deux vitesses choisies comme nous l'avons fait, de façon à être égales et opposées, ont une résultante nulle.

Ce qui veut dire que, sous l'influence simultanée :

1° De la rotation instantanée autour de C, et 2° de la translation générale de vitesse v,

Le point O a une vitesse nulle.

C'est-à-dire que l'adjonction de la translation v a pour effet de transporter en O le centre instantané de rotation.

79. Cherchons maintenant quelle est la vitesse angulaire de cette rotation instantanée autour de O.

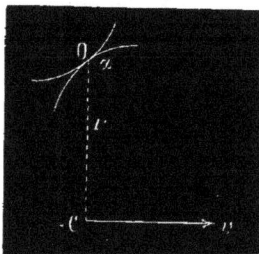

Nous savons que le point C, dont la vitesse due au premier mouvement de rotation est nulle, ne subit QUE la vitesse de translation générale v, laquelle est perpendiculaire à OC; on a donc, α étant la vitesse angulaire de rotation autour de O, $v = \alpha r$, — équation qui, comparée à $v = \omega r$, prouve que $\alpha = \omega$.

C'est-à-dire que :

La vitesse angulaire n'a pas changé,

et que :

L'adjonction d'une translation n'a influé que sur la position du centre instantané.

80. Il est clair que, réciproquement, *une figure étant animée d'une rotation instantanée* O, *on peut supposer cette rotation unique* O, *remplacée par une rotation instantanée égale, parallèle et de même sens* C, *par l'adjonction d'une translation perpendiculaire à* OC *et de vitesse* $v = \omega \times OC$, *sans que cette hypothèse altère la vitesse propre d'aucun des points de la figure mobile.*

C'est-à-dire :

81. *Qu'on peut considérer indifféremment les vitesses actuelles de chacun des points de la figure comme étant dues, soit à une rotation unique* O, *soit à une rotation* C *accompagnée de la translation* v.

82. Composition de deux rotations de même axe. — N'abandonnons pas encore le cas particulier d'une figure plane dans son plan.

Si nous considérons C comme centre instantané d'un premier mouvement s'effectuant autour de ce point avec la vitesse angulaire ω;

Si un second mouvement d'entraînement d'ensemble donne lieu, non plus comme précédemment à une translation, mais à une autre rotation instantanée de vitesse angulaire ω', cherchons quel sera le mouvement résultant.

Examinons d'abord le cas particulier où le centre instantané du deuxième mouvement se trouve par hasard coïncider avec le premier C.

Nous aurons autour de C une première rotation de vitesse angulaire ω, s'effectuant par rapport à un plan de repère, lequel lui-même sera animé d'une rotation de vitesse angulaire ω', la première figure tournera donc avec une vitesse angulaire $\omega + \omega'$ (*), ce qu'on exprime en disant que :

Des vitesses angulaires de même axe ont pour résultante leur somme algébrique.

83. Composition de deux rotations parallèles. — Quant au cas général où les deux centres instantanés

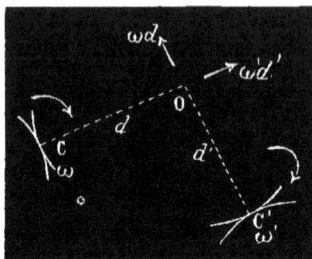

C, C' ne se confondent pas, nous pouvons le ramener facilement au précédent en remarquant que nous pouvons considérer les vitesses des différents points d'une figure mobile autour du centre instantané C comme étant dues à une rotation instantanée autour d'un point O du plan distant de C de la longueur d

(*) Les vitesses composantes d'un même point M situé à une distance r du centre sont en effet ωr, $\omega' r$, et sa vitesse résultante $(\omega + \omega') r$.

en joignant à cette rotation une translation ωd perpendiculaire à O C.

Nous arriverons de même à substituer à la rotation C′ une rotation O et une translation $\omega'\,d'$.

84. Remarquons d'abord que, pour ce qui concerne les rotations, nous sommes ramené à la composition de deux rotations de même axe O, et que la vitesse angulaire de la rotation résultante est $(\omega + \omega')$, quel que soit le point O, que nous avons choisi arbitrairement.

Quant aux translations ωd et $\omega'\,d'$, elles varient suivant la position du point O.

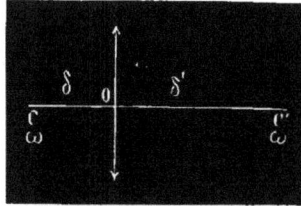

Elles sont de sens contraire, lorsque le point O est pris sur C C′, elles seront de plus égales, lorsque $\omega d = \omega'\,d'$, c'est-à-dire lorsque :

$$\frac{d}{d'} = \frac{\omega'}{\omega}$$

c'est-à-dire lorsque O partage C C′ dans le rapport inverse de ω et ω'.

On voit donc que :

L'on peut considérer indifféremment les vitesses actuelles de chacun des points de la figure comme étant dues, soit à la rotation de la figure F autour d'un premier axe instantané C qui, lui-même, tourne autour d'un second C′, soit à une rotation unique de toute la figure autour de l'axe O.

85. **Couples de rotations.** — La règle que nous venons de donner pour composer deux rotations parallèles se trouve en défaut dans le cas où les deux rotations sont égales et de sens contraire, car alors le point O serait à l'infini sur la

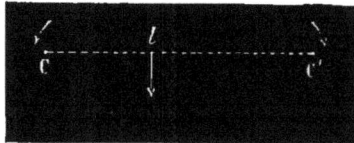

droite CC', et l'on ne sait pas ce que c'est qu'une rotation autour d'un axe situé à l'infini.

Si l'on transporte la rotation C' sur l'autre, on trouve que la rotation résultante est nulle.

Il n'y a donc pas de rotation, et la translation à laquelle a donné naissance ce transport subsiste seule.

La vitesse est $v = \omega l$, l étant la distance CC' qu'on appelle le bras de levier du couple.

86. On peut facilement se rendre compte de ce résultat qui pourrait étonner au premier abord.

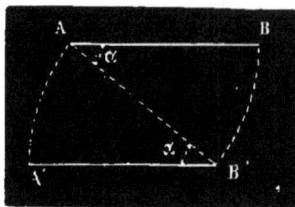

Supposons, en effet, qu'une droite A B ait tourné autour de A d'un angle α pour prendre la position A B'.

Puis autour de B' du même angle pour prendre la position B' A'.

Ces deux rotations successives, égales et de sens contraire, équivalent, comme on le voit, à une translation, puisque A' B' est parallèle à A B.

Si maintenant nous rappelons (70) que les mouvements simultanés produisent le même effet final que s'ils étaient successifs, on conçoit aisément le résultat auquel nous a conduit la considération du couple de rotation.

87. **Composition de tant de rotations parallèles qu'on voudra.** — Il est clair que, pour composer tant de rotations parallèles qu'on voudra, il suffit d'en composer deux d'abord puis leur résultante avec la troisième, et ainsi de suite.

Tout ce que nous venons de dire s'applique non-seulement aux mouvements d'une figure plane dans son plan, mais aux rotations de toute figure F autour d'axes parallèles.

88. **Composition des rotations concourantes.** — Après avoir examiné ce premier cas particulier du mouvement d'une figure plane dans son plan,

Disons quelques mots du second cas particulier, celui du mouvement d'une figure dont un des points O est supposé fixe.

Par suite de cette fixité du point O, le mouvement résultant comme les mouvements composants ne peuvent être que des rotations autour d'axes passant par le point O.

Cherchons à déterminer complétement l'axe instantané résultant.

O A étant un des axes instantanés composants, quelle est l'expression de la vitesse d'un point quelconque M de la figure F animée de la vitesse angulaire ω autour de l'axe instantané O A?

r étant la distance du point M à O A, la vitesse du point M supposé animé de l'unique rotation autour de l'axe O A est : $v = \omega r = 2$ surf. triang. M O A $= M O \times h$, h étant la distance du point A à M O.

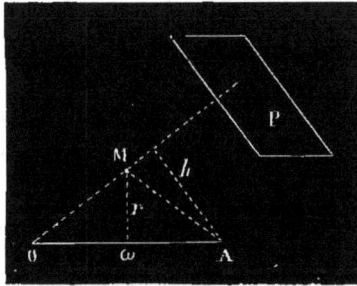

Si maintenant nous supposons la figure F soumise à des rotations simultanées O A, O B, O C... de vitesses angulaires ω, ω', ω'' autour d'axes passant par le point O, — pour chacune de ces rotations, la vitesse du point M sera v, v', v''.

La vitesse résultante du point M étant V, on aura donc :

$$\overline{V} = \overline{v} + \overline{v'} + \ldots$$

c'est-à-dire :

$$\text{triang. surf.} \overline{MOR} = \overline{MOA} + \overline{MOB} + \ldots$$

ou autrement :

$$\overline{MO} \times \overline{H} = \overline{MO} . \overline{h} + \overline{MO} . \overline{h'} + \ldots$$

et en supprimant le facteur commun M O :

$$\overline{H} = \overline{h} + \overline{h'} + \ldots$$

Remarquons maintenant que h n'est autre chose que la projection de O A sur le plan P perpendiculaire à O M, et l'expression précédente signifie que :

La ligne polygonale formée par les rotations O A, O B... etc., et leur résultante se projette sur le plan P, suivant un polygone fermé dont les côtés sont h, h', etc.

Mais le plan P est choisi arbitrairement parce que le point M, et par suite O M, l'est.

Il faut donc que la ligne polygonale formée par la suite des rotations composantes et leur résultante soit fermée, ce qui prouve que :

89. Une figure étant en mouvement, *on peut considérer indifféremment les vitesses de chacun des points de la figure comme étant dues soit à un mouvement composé de rotations instantanées d'axes* O A, O B, *concourant au point* O, *soit à une rotation instantanée unique autour de la résultante des longueurs* O A, O B, *etc.*

90. **Cas général de la composition des mouvements.** — Abordons maintenant, dans toute sa généralité, le problème de la composition des vitesses de tous les points d'une figure soumise à plusieurs mouvements simultanés.

Nous savons déjà que l'on peut considérer les vitesses de chacun des points de la figure comme dues indifféremment à une rotation A, ou à cette même rotation transportée en tel point O qu'on voudra, à laquelle serait jointe une translation convenablement choisie.

Nous profiterons de cette circonstance pour transporter au même point O toutes les rotations qui influent sur le mouvement de la figure, et une fois ces rotations transportées au même point, nous savons que nous pouvons, sans altérer en rien les vitesses d'aucun point de la figure, les remplacer par leur résultante.

Nous savons donc déjà déterminer l'axe instantané

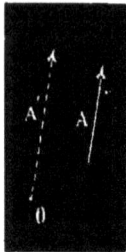

unique auquel donnent naissance les divers mouvements qui animent la figure.

Outre la rotation instantanée autour de cet axe, la figure reste soumise à des translations auxquelles se sont ajoutées celles provenant du transport des axes de rotation au même point.

Mais nous avons vu que toutes ces translations donnent naissance à une seule résultante de translation.

Nous avons donc en définitive prouvé que :

Quels que soient les mouvements simultanés auxquels est soumise une figure, on peut, sans altérer les vitesses d'aucun des points de cette figure, remplacer par la pensée tous ces mouvements par :

Une rotation instantanée unique et une translation unique.

91. Mouvement héliçoïdal. — Soit O R cette rotation unique, et O T cette translation.

Nous pouvons considérer la translation O T comme résultante de deux autres translations, l'une O *t* dirigée suivant O R, et l'autre *t* T perpendiculaire à O R.

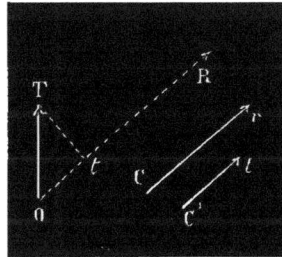

Mais nous savons, d'autre part, que la rotation O R et la translation perpendiculaire T *t* peuvent être remplacées par la rotation unique O R transportée en un point convenablement choisi *c r*.

Après cette opération, il ne nous reste qu'une rotation *c r* et une translation *c′ t* parallèle à *c r*.

On voit donc que :

Sans altérer les vitesses d'aucun des points d'une figure F, on peut substituer par la pensée à tous les mouvements simultanés qui animent cette figure un mouvement héliçoïdal instantané.

92. Nous pouvons maintenant résoudre ce problème :

Trouver la vitesse d'un point quelconque d'une figure F *à un instant déterminé.*

Soit $x\,x'$ l'axe héliçoïdal instantané à cet instant.

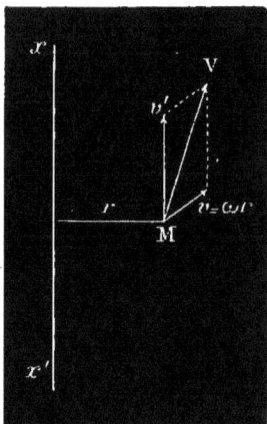

Un point quelconque M possède en cet instant une vitesse de rotation $v = \omega r$, r étant la distance du point M à $x\,x'$ et ω la vitesse angulaire résultante de toutes les rotations qui animent la figure F, vitesse due à la rotation instantanée autour de $x\,x'$.

La translation le long de l'axe $x\,x'$ de l'hélice donne lieu, pour le point M, à une seconde vitesse v' parallèle à l'axe $x\,x'$.

La résultante V de ces deux vitesses est la vitesse actuelle du point M.

Nous voyons par là que :

93. Théorème. — *Lorsqu'une figure* F *est en mouvement, tous les points de cette figure également distants de l'axe héliçoïdal instantané ont, à un instant donné, des vitesses égales et également inclinées sur cet axe.*

94. Théorème. — *Les projections sur l'axe héliçoïdal instantané des vitesses de chaque point sont égales.*

95. Théorème. — *La projection sur un plan perpendiculaire à l'axe héliçoïdal instantané des vitesses de chaque point est proportionnelle à la distance de ce point à l'axe.*

Il résulte de là que :

96. Théorème. — *Si par un point* O *de l'espace on mène des parallèles* O A *aux vitesses dont sont animés à un instant donné tous les points d'une figure* F,

Le lieu des extrémités A *de toutes ces parallèles est un plan* P.

97. *Ce plan* P *est perpendiculaire à la résultante des rotations, c'est-à-dire à l'axe instantané hélicoïdal.*

98. *Il suffit donc à un instant donné de connaître les vitesses de trois points d'une figure, pour que le plan* P *soit déterminé en direction par trois points* A, B, C.

99. *Remarque.* — Il est bon de remarquer en passant que les vitesses de trois points quelconques d'une figure ne peuvent pas être choisies arbitrairement, et qu'entre deux quelconques de ces vitesses il y a une relation que nous allons établir ici.

Si nous décomposons chacune des deux vitesses v et v' en deux composantes, l'une dirigée suivant AB, et l'autre perpendiculaire à AB,

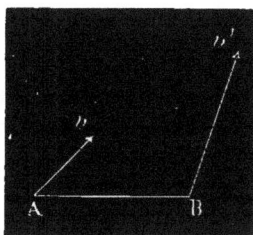

Les deux composantes dirigées suivant A B doivent être égales et de même sens, car la distance A B étant invariable, le point B ne peut aller plus vite que A dans la direction A B.

TROISIÈME PARTIE

DES MOMENTS

100. Définition de la vitesse aréolaire. — La loi connue des aires que Keppler avait trouvée par l'observation a conduit les astronomes à considérer dans un mouvement, non plus l'espace parcouru, mais l'aire décrite par un rayon vecteur tournant autour d'un centre fixe.

Soit v la vitesse d'un point M qui se meut uniformément sur une droite M M'.

Pendant que le point M a parcouru la droite M M', le rayon vecteur O M a décrit l'aire M O M' qui a pour mesure $\frac{1}{2}$ M M'. p, quantité proportionnelle à $\frac{1}{2} v p$, parce que le mouvement étant uniforme, v est proportionnel à M M'.

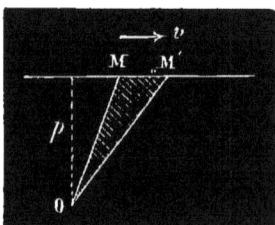

C'est ce produit $\frac{1}{2} v p$ qu'on a désigné sous le nom de *vitesse aréolaire*, et l'on a étendu cette définition au cas où le mouvement du point M cesse d'être rectiligne et uniforme.

101. Composition des vitesses aréolaires. — Supposons maintenant le point M soumis à plusieurs mouvements simultanés qui lui imprimeraient séparément les vitesses de circulation v, v' ..... v''' et par suite les vitesses aréolaires autour du point O

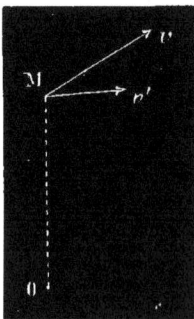

$$v\, p = a, \quad v'\, p' = a', \dots$$

Mais nous pouvons, pour un instant, considérer v, v' ..... comme représentant des vitesses angulaires autour des axes M v, M v' .....

Alors $v\, p = a$ ne sera autre chose que la vitesse du point O tournant autour de l'axe v.

Mais nous savons, d'autre part, composer les vitesses qui animent un même point O, nous savons que leur résultante A est donnée par la relation :

$$\overline{A} = \overline{a} + \overline{a'} + \dots$$

ou $\qquad \overline{VP} = \overline{v\,p} + \overline{v'\,p'} + \overline{v''\,p''} + \dots$

V étant la rotation résultante des rotations v, v', v'', et P la distance du point O à l'axe résultant.

Ces relations signifient que :

Si l'on représente une vitesse aréolaire a par une per-

pendiculaire au plan O v passant par la vitesse de circulation v et le centre O,

Les vitesses aréolaires ainsi représentées se composent comme les vitesses ordinaires.

102. Des moments. — On appelle quelquefois le produit $v\,p$ *moment* de la vitesse v par rapport au point O.

Le *moment* n'est donc autre chose que le double de la vitesse aréolaire et se représente de même.

Nous ne ferons donc qu'énoncer différemment la règle précédente en disant que :

103. Théorème des moments par rapport à un point. — *Le moment par rapport à un centre O de la résultante des vitesses d'un point M est la résultante des moments des composantes.*

104. Cas particulier. — Dans le cas particulier où toutes les vitesses du point M sont dans le même plan que le centre O, toutes les droites représentatives des moments sont perpendiculaires à ce plan et, par suite, parallèles.

Et dans ce cas :

Le moment de la résultante est égal à la somme des moments des composantes.

C'est ce cas particulier qui seul figure dans la plupart des traités de mécanique sous le nom de *théorème des moments.*

105. Moments par rapport à une droite. — Ce qu'on appelle moment par rapport à une droite n'est autre chose que le moment par rapport au pied de cette droite sur un plan perpendiculaire des projections des vitesses considérées.

On voit donc que par rapport à une droite :

Le moment de la résultante est égal à la somme des moments des composantes.

106. Moments par rapport à un plan. — Soit O la projection sur le plan de la figure d'une droite perpendiculaire à ce plan, et soit xy la trace d'un plan parallèle à l'axe O, soit O H $= d$ la distance de O à xy, et v la vitesse angulaire d'une rotation autour de l'axe O.

vd sera la vitesse du point H.

Si V est la vitesse angulaire résultante des vitesses angulaires parallèles v, v', v'', etc., et D la distance de cet axe résultant au plan xy,

V D représente la composante du déplacement du plan xy perpendiculaire à l'axe O qui résulte des composantes de même direction dues aux rotations simultanées autour de chacun des axes O et qui sont : vd, $v'd'$ . . . . . on a donc :

$$V D = v d + v' d' + \ldots$$

Si l'on appelle, comme d'usage, le produit vd moment de v par rapport au plan xy, on énoncera l'expression précédente en disant que :

Le moment de la résultante de plusieurs rotations parallèles est égal à la somme des moments des composantes.

107. Remarquons que pour la commodité de la démonstration, on a supposé les axes de rotation parallèles au plan.

Mais si tous ces axes changent de direction tout en restant parallèles entre eux et en pivotant chacun autour d'un de leurs points ;

L'énoncé précédent s'appliquera encore pourvu que l'on prenne pour d la distance de ce point au plan xy.

108. Centre des distances proportionnelles. — Si v, v', v'', au lieu de représenter des vitesses sont considérés comme de simples coefficients numériques affectant les

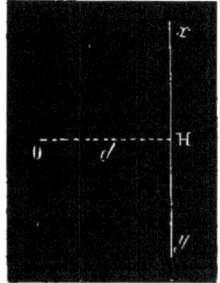

points O, O',..... On voit qu'il existe un point unique tel que par rapport à un plan quelconque P on ait :

$$V D = \Sigma v d,$$

ou $D \Sigma v = \Sigma v d$ d'où $D = \dfrac{\Sigma v d}{\Sigma v}.$

Ce point est ce qu'on nomme *le centre des distances proportionnelles*.

109. Une dernière remarque à propos de la théorie des moments :

C'est la notion des vitesses aréolaires qui nous a amené à celle des moments.

Pourquoi a-t-on senti la nécessité de la dénomination nouvelle de *moment* au lieu de se contenter de celle équivalente de *vitesse aréolaire?*

C'est que le théorème des moments n'est pas en réalité un théorème de mécanique, mais bien un simple théorème de géométrie.

Il s'applique indifféremment, que l'on prenne le moment d'une vitesse, d'une rotation ou d'une simple droite de longueur, de direction et de position déterminées.

Envisagée à ce point de vue universel, la notion de moment est d'un usage fréquent, même ailleurs que dans la cinématique, c'est ce qui fait qu'on n'a pas cru devoir conserver la dénomination de vitesse aréolaire qui semble porter des restrictions à la généralité de la vérité démontrée sous le nom de théorème des moments.

Cette découverte de propriétés purement géométriques à laquelle nous a conduit l'étude de la cinématique est, avec la question traitée ci-dessus (41), un des exemples les plus remarquables des ressources qu'offre au géomètre la cinématique considérée comme méthode d'investigation.

SECONDE SECTION

DES ACCÉLÉRATIONS

PREMIÈRE PARTIE

DU PLAN OSCULATEUR ET DU RAYON DE COURBURE

110. Du plan osculateur. — Inscrivons dans une courbe une ligne polygonale A B C.....

Puis par un point o de l'espace menons des parallèles $o\,a$, $o\,b$, $o\,c$..... aux côtés de cette ligne polygonale.

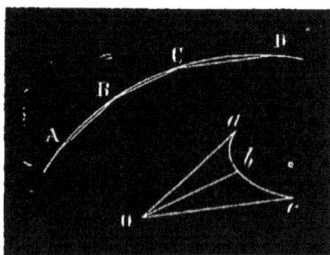

Lorsque les côtés de la ligne polygonale vont en diminuant de plus en plus en grandeur, leur angle tend vers zéro; la droite $o\,a$ devient parallèle à une tangente à la courbe A B C, et se déplace d'*une manière continue* lorsque la tangente elle-même chemine d'une manière continue sur la courbe A B C D.....

Le lieu des droites $o\,a$, $o\,b$..... est donc *un cône* que nous appellerons le *cône des tangentes*.

111. Le plan déterminé par les deux droites A B, B C, parallèle au plan $a\,o\,b$, tend, lorsque A B, B C, diminuent de plus en plus en grandeur, à s'approcher de plus en plus de la direction du plan tangent au cône o suivant la génératrice $o\,a$.

Le plan parallèle au plan tangent au cône suivant $o\,a$, et passant par A, est donc la position limite vers laquelle tend le plan A B C, lorsque les trois points A, B, C se rapprochent de plus en plus.

La direction de ce plan est parfaitement déterminée, parce que le long d'une génératrice on ne peut, en général, mener qu'un seul plan tangent à un cône.

Ce plan se nomme le *plan osculateur* de la courbe A B C..... au point A.

112. Rayon de courbure. — Considérons un mouvement circulaire.

Nous savons qu'entre la vitesse d'un point sur la circonférence et la vitesse angulaire du rayon correspondant il y a la relation :

$$v = R \omega.$$

113. Nous savons, d'autre part, que si par un point O on mène à chaque instant une parallèle aux tangentes de cette circonférence au point mobile M, la vitesse angulaire de ces parallèles sera la même que celle du rayon O M.

La vitesse angulaire d'une parallèle à la tangente à une courbe au point mobile M se nomme la *vitesse angulaire de contingence* correspondant au mouvement du point M.

L'expression $v = R \omega$ peut donc s'énoncer ainsi :

114. *Le rapport de la vitesse d'un point M sur une circonférence à la vitesse angulaire de contingence correspondante est égal au rayon.*

115. Étendons cette proposition à une courbe quelconque, en appelant *rayon de courbure* le rayon obtenu en pren nt le rapport de la vitesse d'un point M à la vitesse angulaire de contingence correspondante.

Ce qui légitime le choix de l'expression *rayon de courbure,* c'est que la valeur de ce rayon est indépendante de la nature du mouvement du point M sur la courbe, car il est clair que, lorsque v devient double, triple, ω devient en même temps double.....

La valeur du rapport $\dfrac{v}{\omega}$ ou ρ ne dépend donc absolument que de la forme de la courbe.

C'est aussi parce que dans un cercle il est constant et toujours égal au rayon du cercle.

116. Rayon de courbure de l'hélice. — Pour éclaircir ce qui précède, appliquons cette définition à la recherche du rayon de courbure de l'HÉLICE.

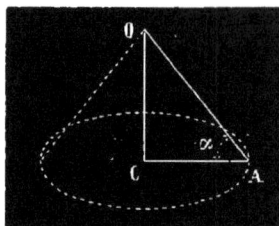

Toutes les parallèles aux tangentes à une hélice menées par un point O se trouvent sur un cône de révolution ayant O pour sommet.

La vitesse angulaire du plan méridien OAC est égale à la vitesse angulaire ω de rotation autour de l'axe héliçoïdal.

La vitesse du point A est donc :

$$\omega \cdot AC.$$

La vitesse angulaire de OA autour du point O sera donc :

$$\omega \cdot \frac{AC}{OA} = \omega \cos \alpha.$$

Telle est l'expression de la vitesse angulaire de contingence.

Cherchons maintenant l'expression de la vitesse de circulation d'un point sur l'hélice.

Elle est la résultante de la vitesse ωr due à la rotation, et de la vitesse v due à la translation suivant l'axe.

Cette résultante V, hypothénuse du triangle rectangle qui a pour côtés ωr et v, et pour angle aigu α, est donc égale à :

$$V = \frac{\omega r}{\cos \alpha}.$$

Le rayon de courbure de l'hélice sera donc :

$$\rho = \frac{\dfrac{\omega r}{\cos \alpha}}{\omega \cos \alpha} = \frac{r}{\cos^2 \alpha}.$$

Expression qui, on le voit, est indépendante de v et de ω.

DEUXIÈME PARTIE

DÉFINITION ET ROLE DE L'ACCÈLÉRATION

117. Accélération. — Considérons un point M qui se déplace sur une courbe xx', soit v la vitesse du point M à un instant donné.

Portons sur la génératrice om parallèle à v du cône des tangentes une longueur om égale à v.

Soit yy' la courbe, lieu de m, tracée sur le cône des tangentes.

Pendant que le point M se déplace sur xx', m cheminera sur yy'

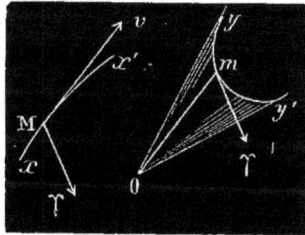

La vitesse γ de m, à un instant donné, est ce que nous appellerons l'*accélération* de M sur xx'.

On voit par là que l'accélération se trouve dans le plan osculateur.

118. Accélération tangentielle et normale. — On a l'habitude de considérer la vitesse $m\gamma$ du point m comme résultante de deux autres dirigées, l'une γ_1 suivant om, et l'autre γ_2 perpendiculairement à om.

Cela revient à considérer l'accélération $M\gamma$ comme décomposée de même en deux autres :

L'une γ_1 suivant Mv, qui est dite TANGENTIELLE, l'autre γ_2 perpendiculairement à Mv dans le plan osculateur, qui est dite NORMALE.

119. Valeur de l'accélération normale. — Dire que le point m est animé d'une vitesse γ_1 suivant om, c'est dire que ce point s'éloigne de o dans cette direction.

Dire que ce point est animé d'une vitesse γ_2 perpendiculaire à om, c'est dire que le rayon om tourne autour du point O avec la vitesse angulaire $\omega = \dfrac{\gamma_2}{om} = \dfrac{\gamma_2}{v}$.

Mais cette vitesse angulaire ω de la génératrice om du cône des tangentes n'est autre chose que la vitesse angulaire de contingence relative au point M de la courbe xx'; on a donc aussi :

$$v = \omega \rho,$$

ρ étant le rayon de courbure de xx' en M; l'élimination de ω entre ces deux expressions conduit à la relation

$$\gamma_2 = \frac{v^2}{\rho}.$$

L'élimination de v entre ces deux mêmes expressions donne :

$$\gamma_2 = \rho \omega^2.$$

Nous ferons, par la suite, un fréquent usage de ces deux expressions de l'*accélération normale*.

120. Du rôle des accélérations tangentielles et normales. — Reportons-nous à la figure précédente, au cône des tangentes.

Nous avons vu que :

L'accélération tangentielle a pour effet UNIQUE de déplacer le point m sur la génératrice $om = v$ de ce cône, c'est-à-dire de faire varier EN GRANDEUR la vitesse v du mouvement du point M; GRANDEUR sur laquelle l'accélération normale n'a aucune influence.

L'accélération normale, au contraire, n'influe en rien

sur la longueur du rayon *o m*, c'est-à-dire sur la grandeur de la vitesse, mais uniquement sur sa DIRECTION, car c'est elle qui tend à faire marcher le rayon *o m* sur le cône.

Ainsi :

L'accélération tangentielle est l'élément qui détermine la loi des vitesses d'un mouvement.

L'accélération normale est l'élément qui détermine la courbure et, par suite, la forme de la trajectoire.

121. C'est ce qui explique pourquoi :

Dans un mouvement rectiligne, l'accélération normale est nulle,

Car alors le cône des tangentes se réduit à une ligne droite sur laquelle chemine le point M.

122. *Dans un mouvement curviligne* UNIFORME, *l'accélération tangentielle est nulle,*

Car alors la longueur *o m* des génératrices du cône des tangentes est constante.

123. *Dans un mouvement circulaire uniforme, l'accélération normale est constante.*

Les réciproques de ces trois propositions sont vraies.

124. Considérons un axe instantané de rotation qui se déplace sur le cône *o y y'*.

Prenons sur cet axe la longueur *o m* égale à la vitesse angulaire ω de la rotation instantanée autour de cet axe,

Et considérons la vitesse ω de cheminement du point M sur la courbe, lieu de M, comme représentant l'accélération angulaire.

En raisonnant comme on l'a fait pour les vitesses, on arriverait d'une façon analogue à la notion des

Accélérations angulaires tangentielles qui déterminent la variation de la vitesse angulaire, et des *accélérations angulaires normales qui ne font que déplacer l'axe de rotation.*

On verrait de même que :

L'accélération angulaire normale est le quotient du carré de la vitesse angulaire par le rayon de courbure de l'enveloppe des axes.

125. Mouvement parabolique. — Comme application, étudions le mouvement d'un point sur une parabole.

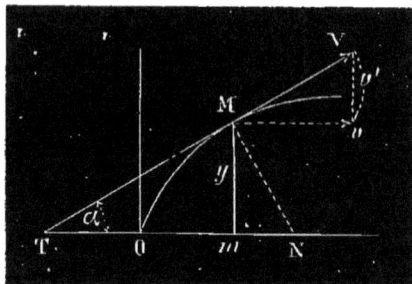

On sait que si M T est une tangente à une parabole dont le sommet est O et l'axe T*m*, O est le milieu de T*m* (Voir *Géom. élément.*, Courbes usuelles), et que la sous-normale *m* N est constante et égale à *p* :

On a donc : $\operatorname{tg}\alpha = \dfrac{p}{\mathrm{M}m} = \dfrac{p}{y}.$

Mais si l'on désigne par V la vitesse du point M sur la parabole, par *v* la projection de cette vitesse sur l'axe O*m* de la parabole, et *v'* la projection de cette même vitesse V sur la directrice, on aura :

$$v \operatorname{tg}\alpha = v'$$

ou

$$v\frac{p}{y} = v' = p\frac{v}{y}.$$

On voit par là que si *v'* est constant, $\dfrac{v}{y}$ sera constant aussi.

Or dire que *v'* est constant, c'est dire que le mouvement du point M projeté sur la directrice est uniforme, c'est-à-dire que la longueur *y*, distance du point M à l'axe de la parabole, croît uniformément.

Dire qu'en outre le rapport $\dfrac{v}{y}$ est constant, c'est dire que l'extrémité v de la parallèle M v menée par le point M à la vitesse du mouvement de M projeté sur l'axe de la parabole, est uniforme aussi.

C'est-à-dire que l'accélération du point m est constante.

Ainsi : *Lorsque le point* M *se meut sur une parabole de façon que son mouvement projeté sur la directrice soit uniforme, ce même mouvement projeté sur l'axe aura une accélération constante et sera dit :* UNIFORMÉMENT VARIÉ (*).

TROISIÈME PARTIE

COMPOSITION DES ACCÉLÉRATIONS DANS LES MOUVEMENTS SIMULTANÉS

126. Cas de deux mouvements. — Considérons une figure F soumise à deux mouvements simultanés φ et φ'.

Le mouvement φ se composant d'une translation τ et d'une rotation instantanée ω,

Et le mouvement φ' d'une translation τ' et de la rotation instantanée ω'.

Soit $o\,m = v$, la vitesse que prendrait un point M de la figure F sous l'influence unique du premier mouvement φ, c'est-à-dire sous l'influence de la translation τ et de la rotation instantanée ω.

(*) Si l'on désigne par x l'espace parcouru par le point m qui s'est mû d'un mouvement uniformément varié depuis O, et par y l'espace parcouru d'un mouvement uniforme sur la directrice par la projection du point M, on aura $y = v'\,t$.

Or le triangle M m T semblable à M v V prouve que $\dfrac{v}{v'} = \dfrac{2\,x}{y}$

d'où $v' = \dfrac{v\,y}{2\,x} = \dfrac{\gamma\,t\,y}{2\,x}$ et alors la relation $y = v'\,t$ devient : $y = \dfrac{\gamma\,t^2}{2\,x}y$,

d'où $x = \dfrac{1}{2}\gamma\,t^2$.

Cette formule donne une relation entre l'espace parcouru x et le temps t, dans un mouvement uniformément varié.

L'intervention de la translation τ' du second mouvement qui ne fait que déplacer la figure F parallèlement à elle-même, ne modifie en rien la vitesse $v = om$ due au premier mouvement φ (qui se compose simplement avec la vitesse v' du second).

Mais il n'en est pas de même de la rotation ω' du second mouvement qui, elle, tend à modifier la *direction* de la vitesse om que prendrait le point M sous l'influence unique du premier mouvement, sans d'ailleurs en faire varier la grandeur

127. La présence du second mouvement modifie l'accélération du premier. — Si par le point o nous menons

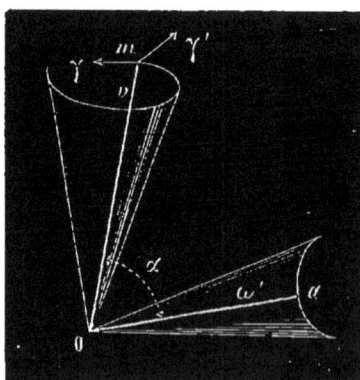

oa égal et parallèle à ω', la vitesse $om = v$ tend a tourner autour de l'axe instantané ω' ou oa.

Si le premier mouvement φ existait seul, le point m, extrémité des parallèles aux vitesses du point M menées par le point o, décrirait une courbe, base du cône des tangentes relatives à ce mouvement du point M, avec une vitesse γ dirigée tangentiellement à cette courbe.

Le second mouvement φ' a pour effet de faire tourner le cône om autour d'une suite d'axes instantanés passant par o et parallèles aux vitesses angulaires de rotation ω' de ce second mouvement φ'. La suite de ces axes forme un second cône oa.

Le point m, entraîné autour de l'axe de rotation oa avec la vitesse angulaire ω', acquiert une vitesse :

$$\gamma' = (om \sin \alpha)\, oa = (om \sin \alpha)\, \omega' = \omega'\, v' \sin \alpha,$$

α étant l'angle moa.

La vitesse γ' est d'ailleurs perpendiculaire au plan $m\,o\,a$ de l'angle α.

Il résulte de là que, par suite de l'adjonction de la rotation ω' du second mouvement, le point m cesse de parcourir la base du premier cône des tangentes, et que sa vitesse est à chaque instant la résultante de celle qu'il doit au premier mouvement seul γ et d'une autre $\gamma' = \omega'\,v\sin\alpha$ perpendiculaire au plan de l'angle α et dirigée dans le sens dans lequel la rotation ω' tend à entraîner l'extrémité de la vitesse v.

Mais la vitesse du point m n'est autre chose que l'accélération du point M.

On voit donc que l'accélération du point M qui était γ, tant que ce point ne subissait que le mouvement φ, se modifie par l'adjonction d'un second mouvement, et devient la résultante de sa valeur primitive γ et d'une nouvelle accélération $v\,\omega'\sin\alpha$.

128. Si nous construisons la trajectoire résultante du point m, sous l'influence de son double mouvement,

1° Sur la base du cône $o\,m$;

2° Autour des axes instantanés tels que $o\,a$, nous obtenons un nouveau cône $o\,\mu$, qui sera le véritable cône des tangentes aux trajectoires du point M sous l'influence du mouvement φ modifié par l'intervention de la rotation ω'.

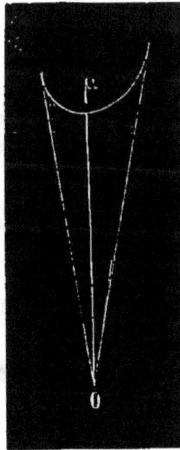

Les génératrices $o\,\mu$ de ce cône sont à chaque instant égales et parallèles aux vitesses du point M sous l'influence du mouvement φ modifié par la rotation ω'.

129. **La modification de l'accélération normale a été établie, indépendamment du mouvement résultant.** — Remarquons que nous n'avons encore, en aucune façon, tenu compte de la vitesse que le second mouvement φ'

imprime au point M, nous n'avons fait entrer ce mouvement en ligne de compte qu'au point de vue de son influence sur la DIRECTION DES VITESSES dues au premier mouvement,

C'est-à-dire de son influence sur l'*accélération normale* du point M dans ce premier mouvement, laquelle, on l'a vu, est le seul élément déterminant les variations en direction des vitesses.

Nous pouvons donc dire que :

*Indépendamment de l'influence que peut avoir un second mouvement φ' qui vient s'ajouter au mouvement φ que possède une figure F sur le mouvement résultant, l'action de ce second mouvement modifie immédiatement l'*ACCÉLÉRATION NORMALE *de chacun des points du premier.*

130. Composition des accélérations de deux mouvements simultanés. — Soit maintenant $o\mu$ le cône des vitesses du premier mouvement φ modifié par la rotation ω'.

La vitesse γ_1 du point μ représente l'accélération du

point M entraîné par le mouvement φ', modifiée par la rotation ω'.

Soit μn le cône des vitesses du second mouvement φ' modifié, lui aussi, par la rotation ω du premier.

La vitesse γ_2 du point n représente l'accélération du point M entraîné par le mouvement φ', modifiée par la rotation ω.

$on = V$ est la vitesse résultante des vitesses $o\mu = v$ et $\mu n = v'$ que donnent respectivement au point M les deux mouvements φ et φ'.

L'extrémité n de cette vitesse résultante se déplace sur la base du cône μn, qui lui-même est entraîné d'un mouvement de translation avec son sommet μ avec la vitesse γ_1.

La vitesse du point n sera donc la résultante des vitesses γ_1 et γ_2.

Cette vitesse de l'extrémité n de V n'est autre chose que l'accélération du point M dans le mouvement résultant.

On voit donc que :

L'accélération d'un point M soumis à deux mouvements est la résultante des accélérations de ce point dans les deux mouvements composants et de deux accélérations $\omega v'$ sin α et $v \omega'$ sin α'.

131. Autre démonstration du même principe. — On arrive au même résultat en remarquant qu'entre les vitesses composantes v, v' et la vitesse résultante V du point **M**, on a la relation :

$$\overline{V} = \overline{v} + \overline{v'}$$

Et qu'entre la rotation résultante Ω et les rotations $\omega \omega'$, on a :

$$\overline{\Omega} = \overline{\omega} + \overline{\omega'}.$$

Multipliant membre à membre ces deux relations, il vient :

$$\overline{V\Omega} = (\overline{v \omega} + \overline{v' \omega'}) + (\overline{\omega v'} + \overline{v \omega'}),$$

mais on sait que $v \omega = \gamma =$ accélération NORMALE. On a donc :

$$\overline{j} = \overline{\gamma} + \overline{\gamma'} + (\overline{\omega v'} + \overline{v \omega'}).$$

Si nous remarquons maintenant que l'accélération normale résultante j est perpendiculaire commune à V et à Ω, en projetant sur cette perpendiculaire, on aura :

$$\overline{V} = \overline{\Omega} = 0, \text{ donc } \overline{v} + \overline{v'} = 0 \text{ et } \overline{\omega} + \overline{\omega'} = 0, \text{ donc } \overline{v} = -\overline{v'}$$

$$\text{et } \overline{\omega} = -\overline{\omega'}, \text{ donc } \overline{\omega v'} = \overline{v \omega'}.$$

On voit donc qu'on arrive au même énoncé que précédemment, et qu'on prouve en outre que *les projections sur l'accélération normale résultante des deux accélérations étrangères sont égales.*

132. Comme nous l'avons déjà fait remarquer, c'est sur les accélérations normales seules qu'agissent les accélérations étrangères, et cela se comprend, si l'on songe que les accélérations normales du point M sont dirigées suivant les perpendiculaires abaissées de M sur les axes instantanés composants ω, ω' et l'axe résultant Ω, et forment un angle trièdre.

Il est clair que la résultante des deux accélérations normales du point M, dues à ω et ω' est dans le plan de ces deux droites.

Pour qu'elle sorte de ce plan, il faut donc absolument une intervention d'accélérations étrangères.

Les accélérations tangentielles, composantes et résultante du point M, ayant même direction que les vitesses de ce point, sont dans un même plan et se composent entre elles sans intervention d'aucune accélération étrangère.

133. On peut réunir en une seule les deux accélérations étrangères. — Les projections des deux accélérations étrangères sur l'accélération résultante normale étant égales et étant d'ailleurs le seul élément qui influe sur la grandeur de l'accélération résultante normale, on peut, sans modifier la valeur de cette dernière, permuter entre elles à volonté les deux accélérations étrangères, ou les remplacer toutes deux par le double de l'une d'elles.

134. L'un des mouvements composants se réduit à une translation. — Nous avons démontré que l'accélération normale du mouvement résultant du point M, soumis aux deux mouvements φ et φ', est la résultante des accélérations normales γ_1 γ_2 et d'une accélération étrangère $2\,v\,\omega'\,sin\,\alpha$.

Remarquons que l'expression $2\,v\,\omega'\sin\alpha$ est indépendante de ω.

Cela signifie que :

Pourvu que la trajectoire du point M de la figure F due au mouvement φ reste la même, la valeur de l'accélération du point M est indépendante du mouvement φ de la figure F, chose d'ailleurs évidente à priori.

Si donc on a $\omega = 0$, c'est-à-dire si le mouvement φ se réduit à une simple translation τ, cela ne change en rien la valeur des accélérations normales tant composantes que résultante du point **M**.

On voit donc que :

135. *L'accélération normale d'un point M d'une figure F, soumise simultanément à une translation τ et à un mouvement φ' composé d'une translation τ' et d'une rotation instantanée ω', est la résultante des accélérations normales $\gamma_1\,\gamma_2$ dues à ces deux mouvements, et d'une troisième accélération égale à $2\,v\,\omega'\sin\alpha$.*

Cette conclusion, qui peut paraître étonnante au premier abord, s'explique parce que le point M, décrivant une courbe, tourne en réalité autour d'un axe perpendiculaire au plan osculateur de cette courbe et passant par le centre de courbure.

136. L'un des mouvements composants est une translation rectiligne. — C'est ce qui n'a plus lieu lorsque la trajectoire du point M devient rectiligne; aussi, dans ce cas, l'une des deux accélérations étrangères disparaîtra-t-elle.

Dans ce cas, en effet, la relation $\overline{\Omega} = \overline{\omega} + \overline{\omega'}$ se réduit à l'identité : $\overline{\Omega} = \overline{\omega}$,

Et en la combinant avec la relation $\overline{V} = \overline{v} + \overline{v'}$ comme il a été fait (131), il vient :

$$\overline{V\Omega} = \overline{v\omega} + \overline{v'\omega}$$

Ou : $$\overline{j} = \overline{\gamma} + \overline{v'\omega}.$$

137. Composition de deux translations. — Si les deux mouvements φ et φ' se réduisaient à deux translations, ou à ω' = 0, et par suite 2 v ω' sin α = 0, on voit qu'alors :

Les deux accélérations étrangères disparaissent.

138. Résumé. — Nous pouvons donc dire en résumé que :

Chaque fois qu'une des accélérations normales d'un mouvement composant s'annule, l'une des deux accélérations étrangères s'annule en même temps.

139. Composition de deux rotations parallèles. — Signalons en passant une exception remarquable aux règles données plus haut.

La démonstration que nous avons donnée de l'égalité des deux accélérations étrangères cesse d'être applicable dans le cas où les deux axes de rotation sont parallèles, et il est facile de s'assurer aussi que, dans ce cas, ces deux accélérations cessent d'être égales (*).

140. Composition de deux rotations de même axe. — Elles ne redeviennent égales que si les deux rotations ont même axe ; dans ce cas, on a :

$$\gamma = r\,\omega^2 \qquad \gamma' = r\,\omega'^2$$
$$j = r\,(\omega + \omega')^2 = r\,\omega^2 + r\,\omega'^2 + 2\,r\,\omega\,\omega' = \gamma + \gamma' + 2\,v\,\omega'.$$

et l'on retombe dans la règle générale.

141. Composition d'une rotation et d'une translation perpendiculaire à l'axe de rotation.

(*a*) Si la translation n'est pas rectiligne, et si l'ac-

(*) Dans ce cas, on ne peut plus conclure de la relation $\bar{\omega} + \bar{\omega}' = 0$, que $\bar{\omega} = -\bar{\omega}'$, parce que l'on a séparément $\bar{\omega} = 0$ et $\bar{\omega}' = 0$.

Comme on a $v = \rho\,\omega$ et $v' = \rho'\,\omega'$, la relation $v\,\omega = \omega\,v'$ se réduirait à $\rho\,\omega\omega' = \rho'\,\omega\omega'$ ou $\rho = \rho'$.

Ce qui est faux parce que le point M étant choisi au hasard, ses distances aux axes sont généralement inégales.

célération normale du point considéré M due à la translation n'est pas perpendiculaire à l'axe, on rentre dans la règle générale.

(b) Mais si l'accélération normale du point M provenant de la translation est perpendiculaire à l'axe, on rentre dans le cas de deux rotations parallèles.

(c) Enfin, si la translation est rectiligne, on sait qu'une des deux accélérations étrangères disparaît.

Ces deux derniers cas sont ceux d'une figure plane mobile dans son plan.

142. Composition des accélérations dans le mouvement héliçoïdal. — L'angle α dans ce cas est nul, et par suite aussi les accélérations étrangères $v \omega \sin \alpha$; on peut donc dire que l'accélération normale j du point M, dans son mouvement héliçoïdal, est égale à l'accélération normale γ de la rotation.

Il était facile de prévoir immédiatement ce fait, car le mouvement circulaire autour de l'axe peut être considéré comme projection du mouvement héliçoïdal, d'où il résulte que l'accélération tangentielle, ainsi que l'accélération totale du premier mouvement, sont les projections de celles du second; donc aussi l'accélération normale, puisque la normale à l'hélice a pour projection une normale à la circonférence, et comme ces deux normales sont parallèles, il faut que les deux accélérations normales de l'hélice et de la circonférence soient égales.

143. Rayon de courbure de l'hélice. — On peut utiliser cette propriété pour la recherche du rayon de courbure de l'hélice ρ.

Les accélérations normales $\dfrac{v^2}{r}$ du cercle et $\dfrac{V^2}{\rho}$ de l'hélice étant égales, et v étant comme on sait égal à V cos α, on peut écrire :

$$\frac{V^2}{\rho} = \frac{V^2 \cos^2 \alpha}{r}$$

d'où l'on tire :

$$\rho = \frac{r}{\cos^2 \alpha}.$$

On retombe ainsi sur la valeur de ρ déjà trouvée.

On aurait pu partir de cette valeur déjà connue pour trouver la valeur de l'accélération normale dans le mouvement hélicoïdal.

144. Composition des accélérations de tant de mouvements simultanés qu'on voudra. — Jusqu'ici nous n'avons considéré que deux mouvements simultanés.

S'il y en avait davantage, on pourrait en composer deux d'abord, puis le mouvement résultant avec le troisième et ainsi de suite.

Mais on peut aussi aborder directement le problème de la composition des accélérations de tant de mouvements simultanés qu'on voudra, en appliquant la méthode des projections que nous avons indiquée pour le cas de deux mouvements seulement.

QUATRIÈME PARTIE

MOMENTS DES ACCÉLÉRATIONS

145. Soit v la vitesse à un instant donné d'un point M mobile sur une trajectoire AB.

Par le point M menons v' égal et parallèle à la vitesse v' qu'aura le point M au moment où il passera en M'.

Soit $v\,v'$ l'amplitude du mouvement de l'extrémité d'une parallèle à la vitesse menée par M, lorsque le point M est venu de M en M'.

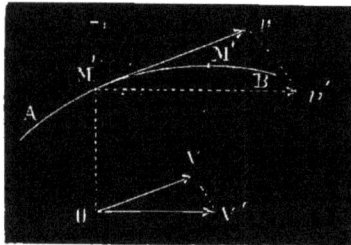

On a évidemment la relation :

$$\overline{v} + \overline{v\,v'} = \overline{v'}.$$

Si donc on prend le moment par rapport au point o des trois longueurs v, v' et $v\,v'$ qui passent toutes trois par le point M ; si *o* V, perpendiculaire au plan M *v o*, représente le moment de *v*, *o* V' perpendiculaire au plan M *v'o* celui de *v'*,

V V' représentera le moment de *v v'* par rapport au point *o*, et représentera en même temps l'amplitude du mouvement de l'extrémité V de la droite représentative du moment pendant que le point M est allé de M en M' (*).

Ainsi :

Le moment de l'amplitude v v' n'est autre chose que l'amplitude V V'.

Ceci étant vrai indépendamment de la grandeur de ces amplitudes, peut être, comme on l'a vu, étendu aux vitesses qui leur ont donné naissance. — Or la vitesse de *v* n'est autre chose que l'accélération du point M, et celle de V le $\frac{1}{2}$ moment de cette accélération ;

Ce qui veut dire que :

146. Définition du moment d'une accélération. — *Le moment de l'accélération du point M n'est autre chose que l'accélération des moments des vitesses,*

Ou en d'autres termes :

Si, comme on l'a fait précédemment, on suppose que *v, v'* représentent des vitesses angulaires et *o* un point soumis aux rotations *v, v'*, auquel ces rotations impriment respectivement les vitesses V, V' ,

147. *L'accélération g du point o se déduit de l'accélération angulaire* γ *comme la vitesse* V *de la vitesse angulaire v.*

C'est-à-dire que, si *q* est la distance de *o* à γ, on aura :

$$g = q\,\gamma.$$

Ce résultat peut encore s'énoncer ainsi :

(*) Remarquons que nous n'avons fait ici qu'appliquer le théorème des moments aux trois longueurs géométriques M *v*, M *v'* et *v v'*.

148. Accélération aréolaire. — *L'accélération due à la vitesse aréolaire est égale à l'accélération aréolaire du point* M, *par rapport au centre* o.

Ou encore :

149. Accélération angulaire. — *L'accélération d'un point* o *tournant autour d'un axe* v *avec la vitesse angulaire* v *est le produit de l'accélération angulaire par sa distance au point* o.

On voit par là que le moment d'une accélération n'est autre chose qu'une accélération aréolaire,

Que l'accélération aréolaire tangentielle n'est autre chose que le moment de l'accélération tangentielle du point M.

De même pour l'accélération aréolaire normale.

Que, par suite, dans deux mouvements simultanés :

150. Théorème des moments ou composition des accélérations aréolaires. — *Les accélérations aréolaires, ou moments des accélérations ordinaires, se composent comme ces dernières.*

Nous signalerons en passant, comme nous l'avons fait pour les vitesses, l'identité entre l'expression de moment d'une accélération et celle d'accélération aréolaire.

151. Moments par rapport à une droite. — Il suffit de se reporter à ce qui a été dit des moments d'une vitesse par rapport à une droite pour se convaincre que tout ce qui a été dit des moments des accélérations par rapport à un point, s'applique aussi aux moments des accélérations par rapport à une droite.

152. Théorème des aires. — C'est la loi des aires découverte par Keppler qui a donné naissance à la considération des vitesses aréolaires.

Nous pouvons maintenant aborder l'interprétation de

cette loi qui peut s'énoncer en disant que *la vitesse aréolaire est constante.*

Ce qui veut dire que :

L'accélération aréolaire tangentielle est nulle, et si de plus la trajectoire du point M et le centre *o* sont dans un même plan, la vitesse aréolaire restant toujours perpendiculaire à ce plan, l'accélération aréolaire normale sera nulle aussi, donc aussi l'accélération aréolaire totale.

Or l'accélération ordinaire γ du point M n'est pas nulle, puisque la trajectoire est courbe ; donc, pour que son sommet par rapport à *o* soit nul, il faut que γ prolongé passe par le point *o*.

La loi de Keppler signifie donc que l'accélération ordinaire du point mobile M passe constamment par le centre fixe *o.*

153. Réciproquement, si cette condition est remplie, le moment de cette accélération par rapport à *o,* c'est-à-dire l'accélération aréolaire par rapport à ce point, est nulle, ce qui veut dire que la vitesse aréolaire est constante.

LIVRE DEUXIÈME

DYNAMIQUE

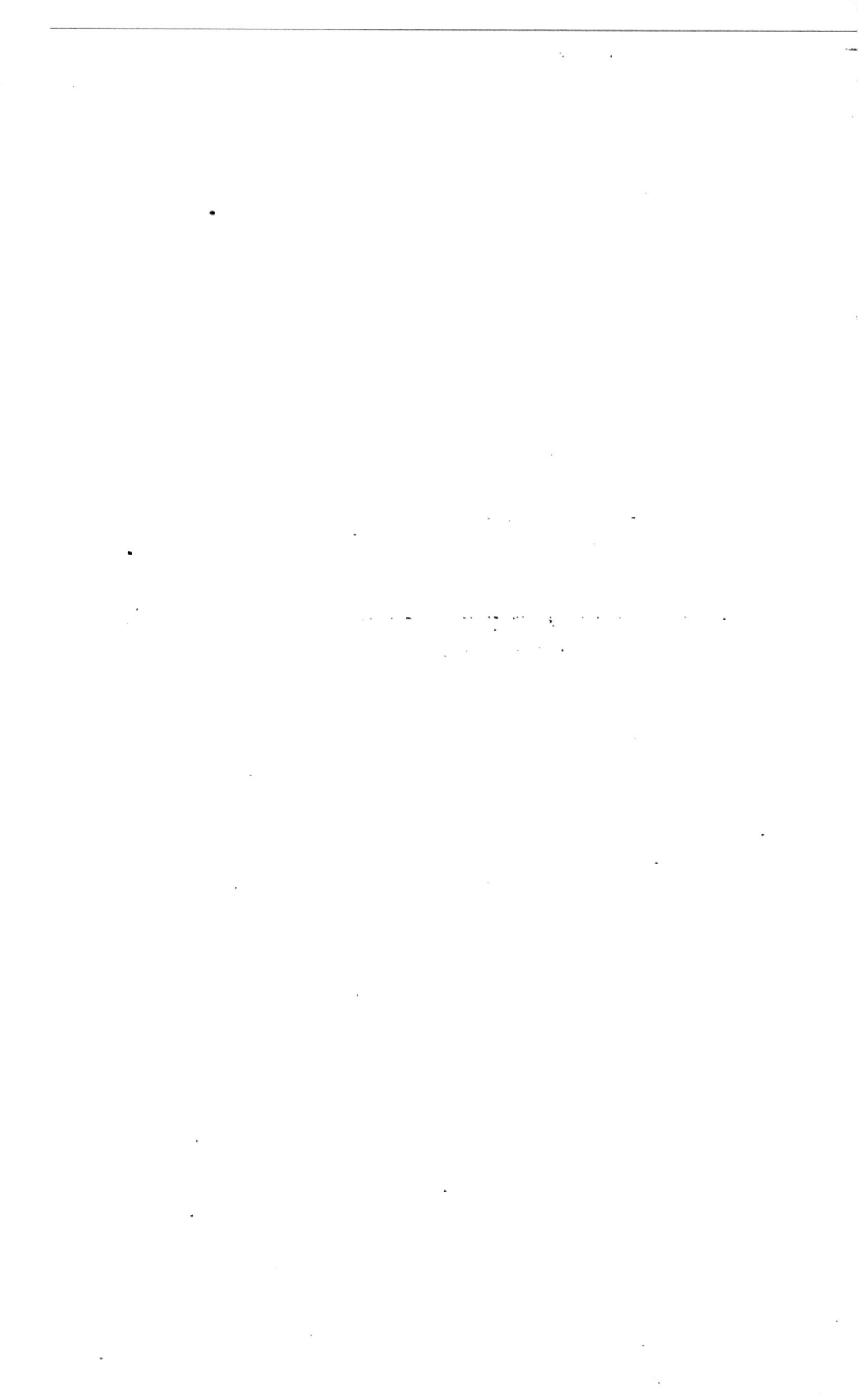

LIVRE DEUXIÈME

DYNAMIQUE

DÉFINITIONS

154. Jusqu'ici nous ne nous sommes occupé que du mouvement des figures géométriques, c'est-à-dire d'êtres de raison.

Le but final de la mécanique est pourtant l'étude du mouvement des objets matériels qui nous entourent.

Il est évident qu'étant donné un objet matériel de forme invariable, toutes les propriétés du mouvement des figures démontrées en cinématique s'appliquent au mouvement de cet objet.

Seulement nous sentons que, si une figure géométrique peut à notre volonté prendre tous les mouvements imaginables, un objet matériel ne se meut que sous l'influence de certains efforts et que nos moyens limités ne nous permettent pas toujours de soumettre ces objets au mouvement que nous voulons.

Ainsi, nous ne pouvons à la main lancer un projectile avec la même vitesse qu'une pièce d'artillerie. Que nous lancions un projectile à la main, à l'aide d'une bouche à feu, ou par tout autre procédé, l'action que nous exerçons sur lui se prolonge pendant un certain temps qui peut être fort court, il est vai, mais qui n'est jamais nul.

Le résultat final de cette action qui se traduit par un certain mouvement de notre projectile est ce que nous appellerons une IMPULSION.

155. Le but que nous nous proposons dans le chapitre premier n'est pas de nous occuper de l'impulsion au moment où elle se produit, mais après qu'elle aura exercé son action seulement.

En d'autres termes, nous nous proposons d'étudier les mouvements des corps sous l'influence d'*impulsions antérieures* seulement, en remettant à un autre chapitre l'analyse des effets des *impulsions actuelles*.

156. Mais nous ne sommes pas encore en état d'aborder la question dans sa généralité, et, pour simplifier, nous ne nous occuperons au début que des impulsions qui ont animé des *sphères homogènes* de mouvements de *translation* seulement, sans rotations.

CHAPITRE PREMIER

MOUVEMENTS DUS A DES IMPULSIONS ANTÉRIEURES

PREMIÈRE SECTION

MOUVEMENT DE TRANSLATION DES SPHÈRES HOMOGÈNES

PREMIÈRE PARTIE

LES POSTULATA DE LA MÉCANIQUE

157. Principe d'inertie. — Première partie. — En définissant, comme nous venons de le faire, ce qu'on appelle une impulsion, nous avons admis implicitement qu'*un corps en repos relativement à un repère quelconque* (la terre par exemple) *ne peut se mettre en mouvement par rapport à ce repère sans l'action de causes extérieures.*

Cet énoncé constitue la première partie de ce qu'on appelle le principe d'inertie.

C'est, en réalité, un axiome plus métaphysique que mathématique sans lequel la mécanique ne saurait exister.

Mais comme l'énoncé de cet axiome ne précise aucune loi, soit de nombre soit de forme, on ne peut pas le considérer comme servant de base à une théorie mathématique.

158. Principe d'inertie. — Seconde partie. — La proposition suivante, au contraire, qui est l'énoncé d'une

loi de nombre et de forme est un véritable *postulatum*
servant de point de départ à toute la théorie du mouvement des corps.

Mais avant de formuler cette proposition, il est bon
d'entrer dans quelques considérations sur le mode d'action des efforts qui peuvent solliciter une sphère homogène.

Dans l'exemple d'une bouche à feu lançant un projectile, que nous avons déjà cité plus
haut, les gaz de la poudre agissent
pendant un certain temps sur toute
une moitié de notre sphère et non
pas en un seul point de cette sphère.

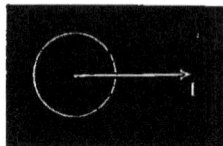

Mais on conçoit que le résultat de cette action peut
être une simple translation, car si l'action des gaz est
partout symétrique par rapport à l'axe de la pièce, il
n'y a pas de raison (en faisant abstraction des frottements, etc.) pour que la rotation s'effectue dans un sens
plutôt que dans l'autre.

On conçoit aussi qu'une action plus ou moins prolon-
gée et de direction constante sur un fil fixé au centre
d'une sphère homogène, puisse donner à cette sphère un
mouvement de translation pareil à celui que lui aurait
donné une bouche à feu sans produire non plus de rotations qu'elle, à cause de la symétrie de la figure.

La seconde partie du principe d'inertie consiste à
admettre qu'une action extérieure ayant agi sur le *centre* d'une sphère homogène et n'ayant par ce fait produit
aucune rotation, cette sphère *continuera à se mouvoir
relativement au repère par rapport auquel elle était primitivement en repos, d'un mouvement de translation
rectiligne et uniforme,* après que cette action extérieure
sera interrompue.

**159. Principe de l'indépendance des effets des impul-
sions successives ou simultanées.** — Mais si nous rappelons que nous n'avons jamais considéré que des mouvements relatifs, que dans l'exemple précédent notre bou-

che à feu est entraînée par la terre qui se meut sous l'influence d'impulsions soit antérieures soit actuelles, et que les principes que nous avons énoncés sont admis par rapport à la terre supposée fixe, on voit qu'en réalité notre *postulatum* comporte plus de généralité qu'il ne semblait au premier abord et qu'il suppose implicitement que nous avons admis en même temps que :

L'effet d'une impulsion est indépendant de celui des impulsions antérieures et même de celui *des impulsions contemporaines.*

160. Principe de l'égalité de l'action et de la réaction. — Dans ce qui précède, nous avons parlé d'actions *extérieures* agissant sur un corps, mais nous avons négligé de dire que nous entendions par actions extérieures les *actions émanées d'un autre corps.*

Si nous concevons deux sphères homogènes dont les centres soient liés par un fil (en caoutchouc, par exemple) qui puisse s'allonger et se raccourcir, on peut dire indifféremment que c'est la sphère A qui agit sur la sphère B (par l'intermédiaire de ce fil) ou que c'est la sphère B qui agit sur la sphère A, suivant que l'on considère le résultat de cette action comme ayant fait mouvoir la sphère B par rapport à la sphère A prise pour repère ou réciproquement.

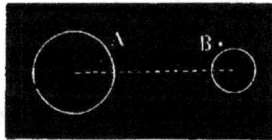

C'est ce qui nous conduit à admettre que :

Les impulsions imprimées dans ces conditions par une sphère à l'autre sont égales et de sens contraire.

DEUXIÈME PARTIE

CONSÉQUENCES IMMÉDIATES DES POSTULATA

161. Si une sphère homogène a acquis par suite d'une impulsion I une vitesse de translation uniforme et recti-

ligne v, il résulte du principe de l'indépendance des effets des impulsions successives qu'une seconde impulsion I égale à la première (*) produira la même vitesse v qui se compose avec la première ; si les deux vitesses sont de même sens, la vitesse résultante sera $2\,v$.

En vertu du principe de l'indépendance des effets des impulsions simultanées, l'effet produit aurait été le même si les deux impulsions I eussent été simultanées, ce qui signifie qu'une impulsion égale à I + I ou 2 I produit la vitesse $2\,v$, c'est-à-dire que :

Les impulsions sont proportionnelles aux vitesses de translation rectilignes et uniformes qu'elles ont imprimées à une même sphère homogène.

162. Convenons de représenter une impulsion I qui a imprimé à une sphère homogène une vitesse v, par une droite *dirigée* suivant v, *proportionnelle* à I et appliquée au centre de la sphère.

163. Considérons maintenant deux sphères homogènes A et B, entre lesquelles s'est exercée une action attractive ou répulsive dont le résultat a été d'animer la

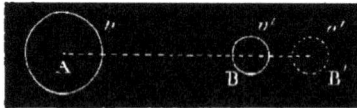

première d'une vitesse v et la seconde d'une vitesse v'.

Supposons en second lieu qu'une sphère B' identique à B, dont le centre est situé sur la ligne A B étant au repos, il s'exerce entre B' et A une seconde action identique à la première.

Le résultat de cette seconde action sera d'animer la sphère B' de la vitesse v' et A de la vitesse v.

De sorte qu'en définitive, A aura la vitesse $2\,v$, tandis que B et B' auront chacun la vitesse v', et à cause du principe de l'indépendance on pourra dire que :

Pour imprimer la même vitesse v' à deux sphères

(*) Nous appelons impulsions égales celles qui produisent sur une même sphère des vitesses de translation égales.

On voit qu'il n'est question ici que de l'effet final et que deux impulsions égales peuvent n'être pas identiques.

identiques B *et* B′ *il aura fallu une impulsion double*
I + I′ *ou* 2 I.

164. Définition de la masse. — On dit que les deux
sphères B et B′ réunies ont une *masse* double de l'une
d'elles.

Ce qui permet de dire que :
*Les impulsions sont proportionnelles aux masses des
sphères homogènes qu'elles ont animées de translations
rectilignes.*

TROISIÈME PARTIE

QUANTITÉ DE MOUVEMENT DES SPHÈRES HOMOGÈNES

**165. Principe de la conservation des quantités de
mouvement.** — Le principe d'inertie donne lieu à des
conséquences remarquables que nous allons développer
ici.

En vertu de ce principe une sphère homogène de masse
M à laquelle une impulsion I, appliquée en son centre, a
imprimé une vitesse de translation v, continue indéfiniment à se mouvoir d'un mouvement de translation rectiligne et uniforme, tant qu'aucune cause extérieure ne
sera venue agir sur elle.

Pour arrêter son mouvement, il faut lui imprimer une
vitesse — v égale et contraire à v, c'est-à-dire l'effet
d'une impulsion — I égale et contraire à I.

Or, si nous employons pour obtenir ce résultat une
sphère homogène B agissant sur la première A, soit par
attraction ou répulsion ou choc, etc., suivant la ligne des
centres A B supposée parallèle à v, l'action de la sphère
B devra produire sur A une impulsion — I; donc en
vertu du principe de l'action égale à la réaction, la
sphère A aura imprimé à la sphère B une impulsion I;
on voit donc que :

Cette sphère ne peut rentrer au repos qu'en cédant à une autre l'impulsion qui l'avait mise en mouvement.

166. Définition de la quantité de mouvement. — Cette impulsion que toute sphère homogène en mouvement de translation porte en quelque sorte avec elle à l'état latent pour la transmettre aux obstacles qu'elle rencontrera, est ce que nous appelons la *quantité de mouvement* de cette sphère.

167. On voit par là que ce qu'on appelle le principe de la *conservation des quantités de mouvement* n'est autre chose dans le cas actuel que le principe d'inertie énoncé sous une autre forme.

168. On a vu que l'impulsion est proportionnelle à la fois à la masse et à la vitesse produite, elle est donc proportionnelle aussi à leur produit :

$$m\,v.$$

Ce produit est, à proprement parler, ce que nous appelons la *quantité de mouvement*.

Nous nous réservons d'ailleurs de choisir nos unités de telle façon que nous ayons $I = m\,v$ (*).

169. Conservation du moment de la quantité de mouvement. — La quantité de mouvement d'une sphère homogène étant une grandeur constante, en grandeur, et toujours mesurée sur la trajectoire rectiligne du centre de la sphère, *son moment par rapport à un point quelconque est constant aussi.*

(*) On appelle donc masse d'une sphère homogène le rapport constant entre une impulsion appliquée au centre de cette sphère et la vitesse de translation qui en est résultée.

On verra plus loin que cette définition s'étend à un corps de forme quelconque (*Translation du centre de masse*).

Admettre la formule $I = m\,v$ revient à choisir pour unité d'impulsion celle qui imprime à l'unité de masse une vitesse égale à 1.

170. Projections. — Il est clair que les projections soit sur une droite quelconque, soit sur un plan quelconque de la quantité de mouvement d'une sphère homogène, ou du moment de cette quantité de mouvement, sont elles-mêmes constantes.

171. Cas de plusieurs sphères indépendantes. — Il est évident aussi que, si l'on considère plusieurs sphères indépendantes, livrées chacune sous l'influence de son inertie à une translation rectiligne et uniforme, les vitesses, les quantités de mouvement, leurs moments, etc., étant constants pour chacune d'elles, il en résulte que :

La résultante des quantités de mouvement ou en d'autres termes,

La quantité de mouvement totale est constante ainsi que son moment ou le *moment résultant des quantités de mouvement,* ainsi que leurs projections sur des axes ou des plans.

QUATRIÈME PARTIE

MOUVEMENT DU CENTRE DE MASSE DE SPHÈRES INDÉPENDANTES

172. A, B, C..... étant à un instant donné les centres de sphères homogènes de masse m, m', m''..... qui se meuvent en vertu de leur inertie avec les vitesses v, v', v''.....

Si a, b, c..... sont les distances des points A, B, C..... à un plan P perpendiculaire à un axe quelconque xy, et D la distance au même plan du centre des distances proportionnelles aux masses m, m', m''..... on aura (*) :

$$\Sigma a m = D \Sigma m = D M,$$

en posant $M = \Sigma m$

(*) Voir en cinématique, *Moments par rapport à un plan.*

A un autre instant, la distance du point A au plan P qui était a sera devenue a', la distance D aura pris la valeur D' et l'on aura de même :

$$\Sigma a' m = D' M.$$

Ce qui prouve que :

$$\Sigma (a' - a) m = (D' - D) M.$$

Si nous appelons v_1 la projection de la vitesse v du point A sur xy, nous aurons, le mouvement de A étant uniforme : $a' - a = v_1 t$.

De même V_1 étant la vitesse projetée du centre de masse sur xy, on aura : $D' - D = V_1 t$,

donc $$\Sigma v_1 t m = V_1 t M.$$

Et en divisant par t les deux membres :

$$\Sigma v_1 m = V_1 M.$$

Le premier membre représente la somme des projec-tions des quantités de mou-vements du système sur xy.

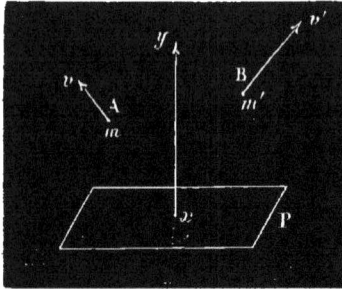

Le second représente la quantité de mouvement d'une masse $M = \Sigma m$ dont le mouvement projeté est le même que celui du centre de masse.

Cette relation étant vraie en projection sur un axe quelconque, on peut dire que :

La quantité de mouvement totale du système est la même que celle d'une masse égale à la somme des masses du système concentrée à chaque instant au centre des dis-tances proportionnelles aux masses.

DEUXIÈME SECTION

MOUVEMENT D'UN CORPS SOUS L'INFLUENCE D'IMPULSIONS
ANTÉRIEURES

PREMIÈRE PARTIE

DES SYSTÈMES A LIAISONS ET DES SYSTÈMES INVARIABLES

173. Influence des liaisons. — Nous venons de considérer les mouvements de sphères homogènes indépendantes.

Si nous supposons qu'entre deux quelconques de ces sphères il y ait des liaisons telles que toute impulsion qui aura agi sur l'une d'elles aura occasionné une action quelconque sur l'autre, nous savons que, en vertu du principe de l'égalité de l'action et de la réaction, la liaison n'a pu occasionner une impulsion sur l'une d'elles sans en déterminer une égale et contraire sur l'autre.

Il résulte de là que : *les liaisons qui existent dans un système ne donnent naissance qu'à des impulsions deux à deux égales et contraires.*

Ces liaisons n'ont donc aucune influence sur la résultante des impulsions.

C'est-à-dire que :

174. *La quantité de mouvenent totale, le moment résultant des quantités de mouvement sont invariables, quelles que soient les liaisons qui peuvent être introduites ou supprimées dans le système.*

175. Des systèmes invariables. — Les vérités qui précèdent subsistent, quel que soit le genre de liaisons auquel on a affaire.

Elles subsisteront donc encore lorsque les liaisons sont telles que le système de nos sphères forme une figure de forme invariable.

Or, dans ce cas, quelle est la signification des principes de la conservation des impulsions totales et de leurs moments?

Pour nous en rendre compte,

176. Interprétation mécanique de la conservation des quantités de mouvement et de leurs moments. — Considérons le cas particulier où la quantité de mouvement totale est nulle.

Alors la vitesse du centre de masse sera nulle, c'est-à-dire que le centre de masse, qui dans le cas actuel est un point invariablement lié à notre système invariable, reste en repos.

Nous sommes donc ramené au cas déjà étudié en cinématique du mouvement d'un corps dont un des points est fixe.

Le corps ne peut que tourner autour d'axes instantanés passant par ce point fixe.

Nous avons vu, d'autre part, qu'un moment n'est autre chose qu'une vitesse aréolaire.

177. Le principe de la conservation du moment total signifie donc que *la quantité de mouvement aréolaire totale est constante.*

178. Si maintenant nous supposons, au contraire, le moment total des quantités de mouvement par rapport au centre de masse, c'est-à-dire la vitesse aréolaire résultante, par rapport au centre de masse, nulle, cela signifie que notre système invariable n'est animé d'aucun mouvement de rotation, mais d'une simple translation qui n'est autre chose que celle de son centre de masse.

179. Loi du mouvement d'un système invariable sous l'influence de l'inertie. — Nous arrivons donc à ce résultat remarquable :

Lorsqu'un système devient invariable, il continue à se mouvoir, et son mouvement se compose :

1° *D'une translation égale à celle que produirait l'impulsion résultante sur la masse totale concentrée au centre de masse;*

2° *D'une rotation autour du centre de masse qui ne dépend que du moment total des quantités de mouvement.*

180. Effet d'une impulsion appliquée au centre de masse. — Si maintenant nous soumettons le centre de masse d'un système invariable à une impulsion I, il se développera, en vertu de l'invariabilité du système entre ce point et les sphères qui composent le système, certaines impulsions intérieures, à la suite desquelles tout le système prendra un certain mouvement dans lequel chaque sphère aura son mouvement propre.

Si, après cela, on supprimait les liaisons ou qu'on les rétablît, le moment total des quantités de mouvement, par rapport au centre de masse n'en sera pas moins toujours resté égal à celui de l'impulsion I, lequel, passant par le centre de masse, est nul par rapport à ce point.

On voit donc :

Qu'une impulsion appliquée au centre de masse d'un système invariable ne modifie en rien le moment total par rapport à ce point.

C'est-à-dire :

Qu'une impulsion appliquée au centre de masse ne saurait produire aucune rotation et donne lieu à une simple translation.

181. Effet d'une impulsion quelconque. — En second lieu, dans un système invariable, toute impulsion appliquée ailleurs produit *une rotation,* parce que son moment, par rapport au centre de masse, n'est pas nul, donc sa vitesse aréolaire ne l'est pas non plus ; et *une translation,* parce que la résultante d'une impulsion unique ne saurait être nulle.

182. Couple d'impulsions. — Pour qu'il n'y ait pas de translation produite, il faut donc au moins deux impulsions égales, afin que la résultante des translations soit nulle.

L'ensemble de ces deux impulsions est ce qu'on appelle *couple d'impulsions*.

183. Mesure d'un couple. — La vitesse aréolaire totale ne dépend que du moment total; on mesure donc un couple par son *moment*.

Il est naturel, dès-lors, de représenter un couple comme un moment par un axe perpendiculaire à son plan.

Les axes des couples se composent évidemment comme ceux des moments.

184. Transport des couples. — *On peut transporter un couple où l'on voudra parallèlement à lui-même,* car cela ne change pas son moment, et l'axe de la rotation qu'il détermine passe toujours par le centre de masse qu'un couple ne saurait déplacer.

DEUXIÈME PARTIE

DES CORPS SOLIDES ET DES POINTS MATÉRIELS

185. Point matériel. — On a vu que, pour ce qui concerne les translations seules, une sphère unique ou un système de sphères peuvent être, sans inconvénient, supposés remplacés par leur centre de masse où toute leur masse serait, en effet, concentrée.

Un pareil point où l'on suppose concentrée une certaine masse, en faisant abstraction du volume de cette masse, est ce qu'on appelle un *point matériel*.

186. Des corps. — C'est à la physique et à la chimie

qu'incombe le soin d'étudier la constitution intime des corps.

Dans ce qui va suivre, nous nous contenterons d'ADMET-TRE qu'on peut étendre à un corps solide toutes les propriétés énoncées plus haut dont jouissent les systèmes invariables de sphères.

La comparaison entre les résultats théoriques et expérimentaux a prouvé, depuis longtemps, qu'il n'y a aucun inconvénient à admettre ce fait, et qu'on peut, si on veut, le considérer comme un nouveau et dernier postulatum; mais un postulatum provisoire seulement, car nous serons naturellement amené par ce qui va suivre à des notions plus rigoureuses sur la constitution des corps, au point de vue de la façon dont ils supportent les efforts qu'on peut exercer sur eux.

187. Mais on verra en même temps que si un corps peut se déformer, ce n'est jamais que sous l'influence d'efforts *actuels,* et que, par conséquent, pour l'étude des mouvements résultant d'efforts antérieurs, notre hypothèse sur la façon dont les corps se comportent est parfaitement conforme à la vérité des faits.

TROISIÈME PARTIE

COMPOSITION DES IMPULSIONS ANTÉRIEURES

188. **Transport d'une impulsion.** — On a vu que la *translation* produite par une impulsion I sur un corps est la même que si cette translation avait été appliquée au centre de masse.

Mais que la *rotation* produite par cette impulsion, dépend, au contraire, de son moment par rapport au centre de masse.

On voit donc que deux impulsions égales et parallèles I produisent la même translation, et que les rotations seules qu'elles auront produites seront différentes.

On peut toujours supposer que deux impulsions égales et opposées I ont agi sur un point B sans modifier en rien les vitesses actuelles du système.

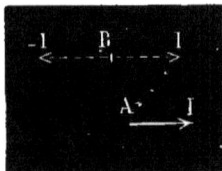

Si ces deux impulsions sont égales et parallèles à celle qui a agi sur le point A, on voit que la supposition précédente reviendra à considérer l'impulsion 1 transportée parallèlement à elle-même de A en B, et de supposer le couple (I — I) ajouté à cette impulsion.

En d'autres termes :

On peut transporter une impulsion parallèlement à elle-même, pourvu qu'on lui adjoigne un couple convenablement choisi.

Le moment de ce couple est égal au moment de I par rapport à B.

189. Assimilation avec les rotations. — Ceci prouve qu'une impulsion I peut être traitée comme on aurait traité en cinématique une rotation, à condition d'assimiler le couple de moment Id à une translation de vitesse Id.

Donc :

Les impulsions parallèles se composent comme les rotations parallèles.

On a déjà vu que :

Les impulsions concourantes se composent comme les vitesses qu'elles impriment, et auxquelles elles sont proportionnelles.

On peut donc dire, comme on l'a dit en cinématique pour les rotations et les translations, que :

190. *Toutes les impulsions auxquelles a été soumis un corps peuvent se composer en une impulsion unique appliquée en un point arbitraire, et à un couple unique.*

TROISIÈME SECTION

MOUVEMENT PRODUIT PAR UN COUPLE D'IMPULSIONS
ANTÉRIEURES.

PREMIÈRE PARTIE

DES MOMENTS D'INERTIE

191. **Introduction.** — Les impulsions qui ont agi sur un corps ont toutes été composées en UNE résultante passant par le centre de masse (laquelle a donné lieu, on le sait, à une translation), et en un couple résultant unique qui n'a eu aucune influence sur le mouvement du centre de masse, et qui a, par conséquent, fait tourner le corps autour d'axes instantanés passant par ce point.

Faisons maintenant abstraction de la translation, et cherchons à nous rendre compte de la nature du mouvement produit par le couple résultant.

192. On a vu, en cinématique, qu'en général la direction de l'axe instantané est variable; celle de l'axe du couple résultant ne varie pas en vertu du principe de la conservation des moments des quantités de mouvement.

On peut donc prévoir, qu'en général, ce n'est pas autour de l'axe du couple que s'effectuera la rotation du corps.

Soit m la masse d'un des points matériels dont se compose notre corps et dont la distance à un des axes instantanés de rotation OA est r. La vitesse angulaire autour de cet axe étant ω, la vitesse du point m sera ωr, sa vitesse aréolaire sera ωr^2, et le moment de la quantité de mouvement de ce point, par rapport à l'axe OA, sera $m\omega r^2$.

Le moment total de la quantité de mouvement, par rapport à cet axe, sera donc : $\omega \Sigma\,m\,r^2$, le signe Σ comprenant tous les points du corps.

Si donc G est le couple résultant, et α son angle avec l'axe instantané O A, on aura :

$$G \cos i = \omega \Sigma\,m\,r^2,$$

G $\cos i$ étant la projection du couple résultant sur l'axe instantané O A, c'est-à-dire le moment total de la quantité de mouvement par rapport à cet axe.

193. On voit que la quantité $\Sigma\,m\,r^2$ est aux vitesses angulaires et aux couples l'analogue de ce qu'est la masse aux vitesses et aux impulsions.

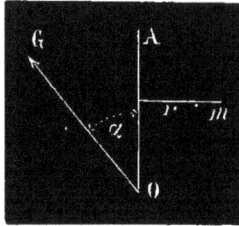

Comme la masse m, l'expression $\Sigma\,m\,r^2$ ne dépend que de la constitution et de la forme du corps, et non des efforts mécaniques qu'on y applique.

Seulement $\Sigma\,m\,r^2$ n'est pas, comme m, une constante invariable, mais dépend de la direction et de la position de l'axe O A.

Moment d'inertie. — Cette expression $\Sigma\,m\,r^2$ est ce qu'on appelle le *moment d'inertie* du corps, par rapport à l'axe O A.

194. Cherchons maintenant suivant quelle loi varient les moments d'inertie d'un corps, par rapport à tous les axes qui passent par le centre de masse O de ce corps.

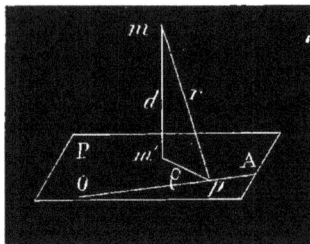

Soit P un plan passant par le centre de masse O d'un corps; et soit O A une droite située dans le plan P.

Soit $m\,m' = d$ la distance au plan P d'un point de

masse m, et soit $m'p = \rho$ la distance du point m' à la droite O A.

Désignons enfin mp par r :

Le triangle rectangle $m\,m'p$ donne :

$$r^2 = \rho^2 + d^2,$$

donc :
$$m\,r^2 = m\,\rho^2 + m\,d^2,$$

donc aussi :
$$\Sigma\,m\,r^2 = \Sigma\,m\,\rho^2 + \Sigma\,m\,d^2,$$

Le signe Σ se rapportant à tous les points d'un corps.

La quantité $\Sigma\,m\,d^2$ est constante pour tous les axes situés dans le plan P.

La quantité $\Sigma\,m\,\rho^2$ est variable, mais nous remarquerons que si par le point O nous menons dans le plan P une perpendiculaire à O A, cette perpendiculaire nous donnera :

$$\Sigma\,m\,r'^2 = \Sigma\,m\,\rho'^2 + \Sigma\,m\,d^2,$$

et que $\quad \Sigma\,m\,\rho^2 + \Sigma\,m\,\rho'^2 = \Sigma\,m\,(\rho^2 + \rho'^2) = \Sigma\,m\,(O\,m'^2),$
mais $\Sigma\,m.\overline{O\,m'}^2$ est une constante, quelle que soit la position des axes O A dans le plan P.

On voit donc que :

195. *La somme des moments d'inertie d'une figure par rapport à deux axes rectangulaires quelconques menés par le centre de masse O dans le plan P est constante.*

196. Continuité. — Remarquons d'ailleurs que, lorsque O A tourne autour de O dans le plan P, les longueurs ρ varient d'une manière continue.

Donc :

Les moments d'inertie, par rapport à une droite O A, varient d'une manière continue lorsque O A tourne d'une manière continue autour de O dans le plan P.

197. Moment d'inertie maximum. — La somme des moments d'inertie par rapport à deux axes rectangulaires du plan P étant constante, il en résulte que

L'axe par rapport auquel ce moment est maximum et celui par rapport auquel il est minimum sont rectangulaires.

198. Moments rectangulaires égaux. — La valeur du moment d'inertie variant d'une manière continue, lorsque l'axe O A tourne autour du point O, dans le plan P, il s'ensuit qu'entre les positions de O A correspondant au maximum et au minimum, *il y en a une qui correspond à leur demi-somme.*

Ce dernier moment sera donc égal à celui qui correspond à l'axe perpendiculaire.

Il y a donc toujours dans le plan P deux axes rectangulaires passant par le point O, par rapport auxquels les moments d'inertie sont égaux.

199. Cherchons maintenant à calculer le moment d'inertie par rapport à un axe $O A'$ faisant avec $O A$ un angle α. Soit $m' p_1 = \rho_1$, $m p = \rho$ et $O p = \rho'$.

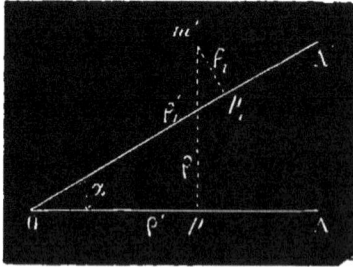

Nous avons :

$$\overline{m' p_1} + \overline{p_1 0} = \overline{m' p} + \overline{p 0},$$

et en projetant sur $m' p_1$:

$$m' p_1 = m' p \sin \alpha - p 0 \cos \alpha,$$

ou : $$\rho_1 = \rho \sin \alpha - \rho' \cos \alpha;$$

mais on a vu que le moment d'inertie, par rapport à O A, est :

$$\Sigma m r^2 = \Sigma m \rho_1^2 + \Sigma m d^2,$$

et en remplaçant ρ_1 par sa valeur :

$$\Sigma m r^2 = \Sigma m (\rho \sin \alpha - \rho' \cos \alpha)^2 + \Sigma m d^2, \qquad \text{ou}$$

$$(1) \quad \Sigma m r^2 = \Sigma m \rho^2 \sin^2\alpha + \Sigma m \rho'^2 \cos^2\alpha - 2 \Sigma m \rho \rho' \sin \alpha \cos \alpha + \Sigma m d^2.$$

200. Existence d'un axe de symétrie. — Si nous supposons un instant que O A et sa perpendiculaire soient les axes par rapport auxquels les moments d'inertie sont égaux, nous aurons $\Sigma\, m\, \rho^2 = \Sigma\, m\, \rho'^2$.

L'équation (1) ne change donc pas dans ce cas par la permutation de sin α en cos α et *vice versa*. Ce qui signifie que $\Sigma\, m\, r^2$, moment d'inertie par rapport à O A', ne change pas de valeur lorsqu'on change α en $\dfrac{\pi}{2} - \alpha$, c'est-à-dire que les droites symétriques, par rapport aux axes inclinés à 45° sur O A donnent lieu deux à deux à des moments d'inertie égaux.

201. Si nous supposons en second lieu que O A soit un des axes de symétrie dont nous venons de prouver l'existence, la valeur du moment d'inertie $\Sigma\, m\, r^2$ de O A' donnée par l'équation (1) ne devra pas changer si l'on change α en (— α) ce qui exige que l'on ait :

$$- 2\,\Sigma\, m\, \rho\, \rho' \sin\alpha\cos\alpha = + 2\,\Sigma\, m\, \rho\, \rho' \sin\alpha\cos\alpha,$$

égalité qui ne peut avoir lieu que si

$$\Sigma\, m\, \rho\, \rho' = 0.$$

Dans ce cas l'équation (1) se simplifie et devient :

$$\Sigma\, m\, r^2 = \Sigma\, m\, \rho^2 \sin^2\alpha + \Sigma\, m\, \rho'^2 \cos^2\alpha + \Sigma\, m\, d^2$$

ou $\Sigma\, m\, r^2 = \Sigma\, m\, \rho^2 \sin^2\alpha + \Sigma\, m\, \rho'^2 \cos^2\alpha + \Sigma\, m\, d^2\, (\sin^2\alpha + \cos^2\alpha),$

qu'on peut écrire encore :

(2) $\Sigma\, m\, r^2 = (\Sigma\, m\, \rho^2 + \Sigma\, m\, d^2)\sin^2\alpha + (\Sigma\, m\, \rho'^2 + \Sigma\, m\, d^2)\cos^2\alpha.$

Mais on a vu que $\Sigma\, m\, \rho^2 + \Sigma\, m\, d^2$ n'est autre chose que le moment d'inertie du corps par rapport à O A, et que $\Sigma\, m\, \rho'^2 + \Sigma\, m\, d^2$ est ce moment par rapport à l'axe perpendiculaire à O A.

Si donc nous désignons par $\dfrac{1}{h^2}$, $\dfrac{1}{a^2}$, $\dfrac{1}{b^2}$ les moments d'inertie respectifs du corps par rapport aux axes OA', OA et à l'axe perpendiculaire à OA, l'équation (2) devient :

$$\frac{1}{h^2} = \frac{\sin^2\alpha}{b^2} + \frac{\cos^2\alpha}{a^2},$$

et en posant :

$$\cos\alpha = \frac{x}{h} \quad \sin\alpha = \frac{y}{h}$$

$$\frac{x^2}{a^2} + \frac{y^2}{b^2} = 1.$$

On reconnaît ici l'équation de l'ellipse (*).

202. Tâchons d'interpréter géométriquement ce résultat.

Si x et y sont les coordonnées d'un point M par rap-

(*) La plupart des traités de géométrie se terminent par des notions sur les courbes usuelles. On y démontre en particulier que la projection orthogonale d'un cercle sur un plan est une ellipse. Si l'on rabat le plan du cercle sur celui de l'ellipse autour du diamètre AA' on sait que le rapport $\frac{M\,m}{M'\,m}$ est constant et égal au rapport $\frac{a}{b}$ des deux axes de l'ellipse.

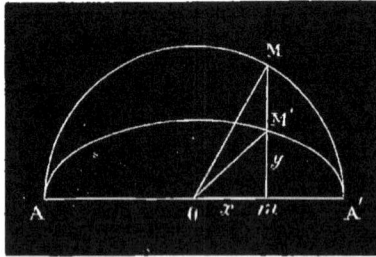

On a donc en désignant $M'm$ par y et OM par x :

$$\frac{M\,m}{y} = \frac{a}{b} \text{ d'où } M\,m = \frac{a}{b}\,y \text{ et } \overline{M\,m^2} = \frac{a^2}{b^2}\,y^2.$$

Mais dans le cercle on a $a^2 = x^2 + Mm^2$,

donc :
$$a^2 = x^2 + \frac{a^2}{b^2}\,y^2,$$

d'où :
$$\frac{x^2}{a^2} + \frac{y^2}{b^2} = 1. \text{ Équation à laquelle satisfont tous les points M' de l'ellipse.}$$

port à O A et à sa perpendiculaire, et α l'angle M O A, h sera la longueur O M.

On voit donc que :

Si sur les différents axes qui se croisent au centre de masse O et sont situés dans le plan P, on porte des longueurs inversement proportionnelles aux racines carrées des moments d'inertie par rapport à ces axes, le lieu des extrémités de ces longueurs est une ellipse ayant le point O pour centre.

203. Loi des variations des moments d'inertie. — Soit O le centre de masse d'un corps, et soit O A la direction qui correspond à la valeur minima du moment d'inertie de ce corps $\Sigma m r^2$. En prenant $\overline{OA}^2 = \overline{a}^2 = \dfrac{1}{\Sigma m r^2}$ la lon-

De l'ellipsoïde de révolution. — Soit AA′ un grand cercle d'une sphère O ; M un point de la sphère et Mm une perpendiculaire abaissée de ce point sur le plan du grand cercle AA′.

Le lieu du point M′ tel que l'on ait :

$$\frac{M\,m}{M'm} = \text{constante},$$

sera un *ellipsoïde de révolution* autour du diamètre de la sphère perpendiculaire au plan du grand cercle AA′.

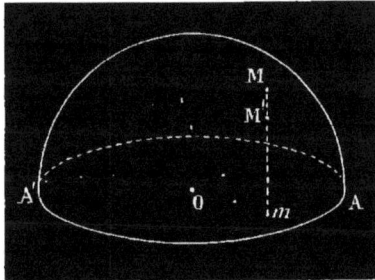

Ellipsoïde à trois axes. — Considérons maintenant l'ellipsoïde de révolution que nous venons d'obtenir, et soit A B A′ un plan méridien de cet ellipsoïde.

Soit M′m′ une perpendiculaire abaissée du point M′ sur ce plan méridien et M″ un point tel que $\dfrac{M'\,m'}{M''\,m'} = \text{const.}$

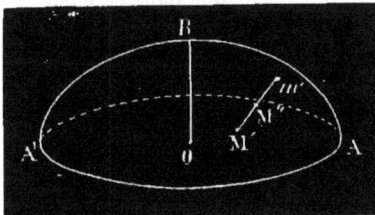

Le lieu du point M″ sera un ellipsoïde à trois axes.

Des propriétés de l'ellipsoïde. — Pour passer de la sphère à

·gueur a sera le maximum des inverses des moments d'inertie.

Menons par O A un plan quelconque, et dans ce plan une droite O M ; on a vu que le lieu du point M est une ellipse, et que O A, valeur maxima du rayon O M, est le grand axe de cette ellipse; on a donc dans ce plan :

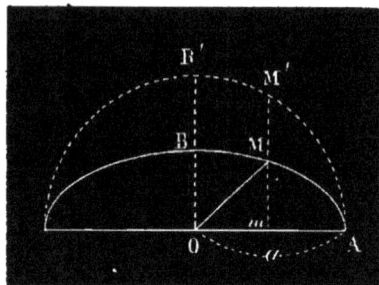

$$\frac{M\,m}{M'\,m} = \frac{BO}{B'O} = \frac{BO}{a}.$$

Si nous menons par O A un second plan N O A dans lequel le lieu du point N sera aussi une ellipse ayant O A pour grand axe, nous aurons de même :

$$\frac{N\,m}{M'\,m} = \frac{CO}{a}.$$

D'où, en divisant membre à membre :

$$\frac{M\,m}{N\,m} = \frac{BO}{CO}.$$

l'ellipsoïde, nous avons employé deux fois ce même mode de transformation d'une figure qui consiste :

Étant donnés un plan P et un point M d'une figure, à mener M m perpendiculaire à P et à prendre un point M' tel que $\frac{M\,m}{M'\,m} = \text{const.}$

Il est clair que dans ce mode de transformation des figures :

A une ligne droite	·correspondent	une ligne droite.
Au milieu d'une ligne	—	le milieu de la transformée.
A un plan	—	un plan.
A des droites ou plans parall.	—	des droites ou plans parall.
A une tangente	—	une tangente.
A un plan tangent.	—	un plan tangent.
A deux figures homothétiques	—	deux figures homothétiques.
Etc.	—	etc.

On voit donc que l'on peut par les deux transformations succes-

Ce qui prouve que la courbe M N, section par le plan M m N perpendiculaire à O A, de la surface lieu de M, est homothétique à la courbe B C, section de cette surface par le plan B O C. Ce dernier plan passant par le centre de masse O, on a vu que la courbe B C est une ellipse.

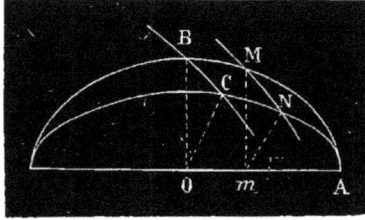

On voit donc que la surface, lieu du point M, est coupée par tous les plans perpendiculaires à son plus grand axe O A, suivant des ellipses homothétiques qui rencontrent toutes l'ellipse A M B, c'est-à-dire que :

204. Le lieu des extrémités des longueurs inversement proportionnelles aux racines carrées des moments d'inertie qui correspondent à leur direction menées par le centre de masse O est un ellipsoïde.

sives indiquées ci-dessus, déduire certaines propriétés de l'ellipsoïde de celles de la sphère.

Nous pouvons donc énoncer les théorèmes suivants :

Dans un ellipsoïde,

Les sections par des plans parallèles sont des ellipses homothétiques.

Le lieu des centres de ces sections est un diamètre qui est dit CONJUGUÉ, *de la direction de nos sections planes.*

Un plan diamétral est le lieu des milieux des cordes conjuguées.

Un plan tangent est conjugué du rayon de contact.

Remarquons que les droites conjuguées proviennent de rayons orthogonaux de la sphère et que :

Quand trois droites sont conjuguées, chacune d'elles est conjuguée au plan des deux autres.

Un ellipsoïde a toujours trois axes conjugués rectangulaires dont le plus grand et le plus petit de ses diamètres.

Les plans de deux de ces axes sont dits *principaux*.

8

DEUXIÈME PARTIE

RELATIONS ENTRE LA DIRECTION DE L'AXE DU COUPLE ET CELLES DES AXES INSTANTANÉS DE ROTATIONS

205. Section de l'ellipsoïde d'inertie par le plan G A.
— Le plan déterminé à un certain instant par l'axe du couple G et un axe instantané A, coupe l'ellipsoïde d'inertie suivant une ellipse dont les axes ont les directions Ox et Oy.

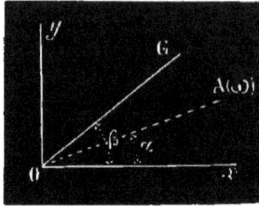

La rotation instantanée ω autour de O A peut être considérée comme résultante des rotations $\omega \cos \alpha$ autour de l'axe instantané Ox et $\omega \sin \alpha$ autour de Oy.

En désignant par $\dfrac{1}{\alpha^2}$ le moment d'inertie du corps par rapport à Ox, on sait que le *moment total de la quantité de mouvement projeté sur Ox aura pour expression :*

$$\frac{\omega \cos \alpha}{a^2}.$$

Mais on sait, d'autre part, que ce même moment total est, en grandeur et en direction, égal à G.

Sa projection sur Ox a donc aussi pour expression $G \cos \beta$;

Égalant entre elles ces deux expressions de la même quantité :

$$G \cos \beta = \frac{\omega \cos \alpha}{a^2}.$$

En projetant sur Oy, on aurait de même :

$$G \sin \beta = \frac{\omega \sin \alpha}{b^2},$$

d'où l'on tire en divisant membre à membre ces deux dernières relations :

$$\frac{\operatorname{tg}\beta}{\operatorname{tg}\alpha} = \frac{b^2}{a^2}.$$

a et b étant les axes de l'ellipse d'inertie du plan O A G, cette relation signifie que (*) :

206. *L'axe du couple* O G *est perpendiculaire à la direction conjuguée de l'axe instantané* O A *dans le plan* A G.

207. Section de l'ellipsoïde d'inertie par un plan passant par A sans passer par G. — Si le plan $x\,A\,y$, dans la démonstration précédente, ne passait pas par G, et si g était la projection de G sur ce plan,

Remarquons que g sera égal au moment *total* de la quantité de mouvement projetée sur le plan xy, et que la composante de G perpendiculaire à ce plan n'influera en rien sur les projections de ce moment total, soit sur O x, soit sur O y.

Il résulte de cette remarque que, dans ce cas, g est dans le plan xy, perpendiculaire à la direction conjuguée de O A.

(*) On sait en effet que, d'une part, entre les angles M O m et M' O m on a la relation :

(1) $$\frac{\operatorname{tg} M\,O\,m}{\operatorname{tg} M'\,O\,m} = \frac{M\,m}{M'm} = \frac{a}{b}$$

et, d'autre part, qu'entre deux droites perpendiculaires dans le cercle, O M et O N on a :

$$\operatorname{tg} M\,O\,m - \operatorname{tg} N\,O\,A' = 1,$$

et comme ce sont ces droites perpendiculaires qui donnent naissance à des diamètres conjugués de l'ellipse, il en résulte, comme on peut s'en assurer en multipliant membre à membre la relation (1) et celle analogue que donnerait le rayon O N perpendiculaire à O M, qu'entre les angles que font avec O A 2 diamètres conjugués, on a la relation $\frac{\operatorname{tg}\beta}{\operatorname{tg}\alpha} = \frac{b^2}{a^2}$.

Donc le plan gG, perpendiculaire au plan xy, est aussi perpendiculaire à la direction conjuguée de O A dans le plan xy.

Donc, enfin, G est aussi perpendiculaire à la direction conjuguée de O A dans le plan xy.

Il résulte de là que :

G, qui est perpendiculaire à toutes les droites conjuguées de O A dans toutes les sections planes passant par O A, *sera perpendiculaire* aussi *au plan conjugué de* O A. Ainsi :

208. Conclusion. — *Le plan du couple est à chaque instant conjugué de l'axe instantané de rotation dans l'ellipsoïde d'inertie.*

TROISIÈME PARTIE

DIGRESSION SUR LA CONSERVATION DES PUISSANCES VIVES

209. Mouvement quelconque. — Considérons un système S de points dont les masses sont respectivement m, m', m''....., et les vitesses respectivement v, v', v''.....

Considérons maintemant un second système S' dont les points coïncident avec ceux du premier, mais sont de masse différente et ayant pour valeurs respectives $\mu = mv$, $\mu' = m'v'$....., etc.

Nous pouvons supposer qu'à un moment donné tous les points du système S' ont même vitesse que ceux du système S ; cette supposition n'a, en effet, rien de contraire aux lois de la cinématique, étant la reproduction sur un corps de même forme d'un mouvement existant sur un corps de cette forme.

Nous ne nous inquiéterons pas ici du mouvement ultérieur que l'inertie fera prendre au système S' ; nous nous

contenterons de chercher la valeur de son impulsion totale, qui est :

$$\Sigma \mu v = \Sigma m v^2,$$

et V étant la vitesse résultante de vitesses v, v' . . . . . ou
la vitesse du centre de masse, on a en projection sur un
axe quelconque :

$$\Sigma \overline{m v}^2 = \overline{M V}^2.$$

Or V, vitesse du centre de masse, est une constante,
ainsi que M, masse totale du système. — On voit donc
que l'on a :

$$\Sigma m v^2 = \text{constante.}$$

210. Définition. — La quantité $\frac{1}{2} m v^2$ se nomme *puissance vive* du point m animé de la vitesse v.

La quantité $\frac{1}{2} \Sigma m v^2$ est dite *puissance vive totale du
système*.

On voit donc que :
*La puissance vive totale due à des impulsions anté-
rieures est constante.*

211. Cas d'une rotation autour d'un axe instantané.
— Dans le cas d'une rotation autour d'un axe instantané
d'un point de masse m dont la distance à l'axe est r, si ω
est la vitesse angulaire, la vitesse du point m sera :

$$v = \omega r.$$

La puissance vive du point m sera donc :

$$\frac{1}{2} m v^2 = \frac{1}{2} m \omega^2 r^2.$$

La puissance vive totale du système sera par suite :

$$\frac{1}{2} \Sigma m v^2 = \frac{1}{2} \Sigma m \omega^2 r^2 = \frac{1}{2} \omega^2 \Sigma m r^2.$$

Et comme la puissance vive totale due à des impulsions antérieures est constante,
Il en résulte aussi que :

212. *Le produit du moment d'inertie par le carré de la vitesse angulaire est constant.*

En posant comme on l'a fait plus haut $\Sigma m r^2 = \dfrac{1}{\rho^2}$, l'énoncé précédent signifie que

$$\frac{\omega^2}{\rho^2} = \text{constante,}$$

ou aussi que $\qquad \dfrac{\omega}{\rho} = \text{constante.}$

213. C'est-à-dire que par un choix convenable d'unités on peut faire en sorte que *chaque rayon de l'ellipsoïde d'inertie représente la vitesse angulaire de rotation autour de ce rayon considéré comme axe instantané.*

QUATRIÈME PARTIE

IMAGE DU MOUVEMENT D'UN CORPS AUTOUR DE SON CENTRE DE MASSE SOUS L'INFLUENCE D'IMPULSIONS ANTÉRIEURES.

214. Considérons maintenant $G = OG$, l'axe d'un couple résultant d'impulsions antérieures, et OA un axe instantané qui fait avec OG l'angle α.

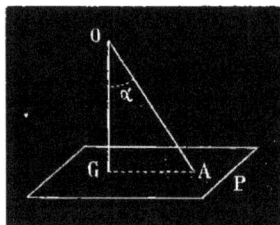

On sait que $\omega \Sigma m r^2$ ou $\dfrac{\omega}{\rho^2}$ est la projection sur OA du moment total des quantités de mouvement, $\Sigma m r^2$ ou $\dfrac{1}{\rho^2}$ étant le moment d'inertie par rapport à l'axe OA, G est égal et parallèle au moment total des quantités de mouvement; on a donc :

$$G \cos \alpha = \frac{\omega}{\rho^2} = \frac{\omega}{\rho} \cdot \frac{1}{\rho}.$$

Dans cette relation, nous savons que G, représenté par la longueur O G, moment total des quantités de mouvement, est *constant*.

$\frac{\omega}{\rho}$, comme nous venons de le prouver (212), est constant.

Il résulte donc de notre équation que

$\rho \cos \alpha$ est constant aussi.

Mais nous pouvons choisir l'unité de longueur représentative de $\rho = \dfrac{1}{\sqrt{\Sigma\, m\, r^2}}$ telle que dans la figure actuelle on ait :

$$\rho = O A.$$

Il résultera de ce choix d'unité et de la relation $\rho \cos \alpha =$ constante $= O G$ que le point A restera constamment dans le plan P perpendiculaire à O G en G.

La position de ce plan est constante comme la grandeur et la position de O G.

Ce plan est conjugué de O A et passe par l'extrémité A de ce rayon $O A = \rho$.

C'est donc un plan tangent en A à l'ellipsoïde d'inertie.

On voit donc que :

215. *Lorsqu'un corps se meut sous l'action d'impulsions antérieures autour de son centre de masse O supposé fixe, et qu'on suppose l'ellipsoïde d'inertie de ce corps entraîné dans son mouvement, cet ellipsoïde reste constamment tangent à un plan fixe, et le rayon de contact est à chaque instant le centre instantané de rotation.*

216. Il ne serait pas exact de dire que l'ellipsoïde

roule sans glisser sur le plan P, car l'axe instantané
O A donne lieu à deux rotations composantes, l'une
dans le plan P qui ne donne pas lieu à glissement,
et l'autre perpendiculaire à ce plan qui donne lieu à un
glissement analogue à celui d'un pivot ou glissement de
Rosion.

217. Remarquons enfin que le lieu des points de contact de l'ellipsoïde et du plan P n'est autre chose que
le lieu des points où les plans tangents communs à l'ellipsoïde et à une sphère concentrique de rayon O G
touchent l'ellipsoïde.

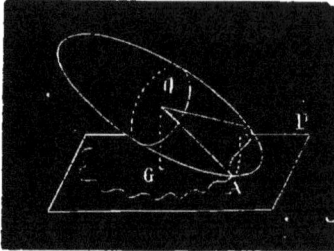

Ce lieu est une courbe
tracée sur la surface de l'ellipsoïde et symétrique par
rapport à ses plans principaux.

Cette courbe sert de base
à un cône ayant son som-
met en O.

Le mouvement de l'ellipsoïde revient au roulement
de ce cône sur un autre de même sommet, dont la base
dans le plan P est une courbe ondulée périodique dont
les ondes sont comprises entre deux cercles concentri-
ques ayant G pour centre.

218. L'ellipsoïde d'inertie nous offre l'image du mouvement sous l'influence d'impulsions antérieures d'un
corps dont le centre de masse reste fixe.

Nous avons vu plus haut que le mouvement du centre
de masse, sous l'influence d'impulsions antérieures, ne
peut être que celui d'une translation de tout le système.

On voit donc :

219. Que le mouvement le plus général d'un système
sous l'influence d'impulsions antérieures se compose :

1° Du mouvement décrit ci-dessus de l'ellipsoïde
d'inertie ;

2° D'une translation rectiligne et uniforme de tout le système, y compris l'ellipsoïde d'inertie et le plan P.

220. Tel est, dans toute sa généralité, l'énoncé du principe d'inertie dont nous avons fait un postulatum dans un cas beaucoup plus restreint.

CINQUIÈME PARTIE

CENTRE DE PERCUSSION

221. **Conditions pour qu'une impulsion produise une rotation unique.** — Qu'un couple produise une rotation autour du centre de masse ;

Qu'une impulsion produise une translation de ce centre accompagnée ou non de rotations, c'est ce que nous avons prouvé plus haut.

On voit par là qu'un couple ne peut jamais donner naissance à une translation.

Mais une impulsion unique peut, au contraire, donner naissance à une rotation instantanée unique. — C'est le cas où la rotation et la translation produites se composent en une seule rotation instantanée.

Considérons une impulsion I qui a agi sur un corps à la distance d de son centre de masse O.

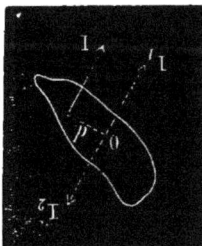

Nous avons vu qu'on peut substituer par la pensée à I, l'impulsion égale et parallèle I_1, ayant agi sur le centre de masse et le couple $I I_2$, dont le moment est $I d = G$.

On voit que l'impulsion I est parallèle au plan du couple, ce qui prouve que la translation de l'ellipsoïde d'inertie a lieu parallèlement au plan P.

Pour que la translation et la rotation instantanée se composent en une seule rotation, il faut que l'axe instantané soit perpendiculaire à la translation, c'est-à-dire à I ; il faut donc que cet axe se trouve dans le plan O G t, perpendiculaire à I.

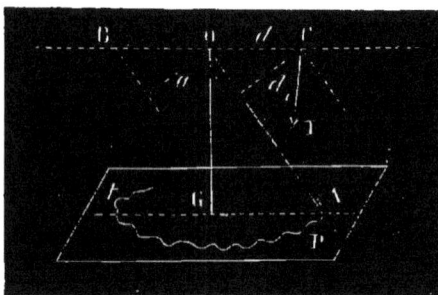

Soit O A cet axe.

On sait que la rotation résultante aura son axe B à une distance a de O A, donnée par la formule $v = \omega a$.

Pour trouver une relation entre a et d, ajoutons aux deux relations ci-dessus :

I $d = $ G et $v = \omega a$, les relations :

I $= $ M v et G cos $\alpha = \omega \Sigma m r^2 = \omega$ M ρ^2,

Le rayon ρ^2, défini par la relation $\Sigma m r^2 = $ M ρ^2, étant ce qu'on appelle le *rayon de gyration*.

Éliminant entre ces relations ω, M, G, v, il vient :

$$a\,d\,\cos\,\alpha = \rho^2.$$

$d\cos\alpha$ est la distance d_1 entre l'axe O A et l'impulsion I. On peut donc écrire :

$$a\,d_1 = \rho^2.$$

On voit par là que si, par le centre de masse O, on mène la droite B C parallèle à P et perpendiculaire à I,

L'impulsion I, appliquée en C perpendiculairement au plan B C G, produit une rotation instantanée unique autour d'un axe parallèle à O A mené par B.

Les points B et C sont réciproques pour les axes parallèles à O A, comme le prouve la formule $a\,d_1 = \rho^2$.

222. Cas particulier. — La rotation unique que nous venons de mettre en évidence n'est qu'instantanée.

Pour qu'elle fût permanente, il faudrait que l'axe instantané O A fût perpendi-culaire au plan P, c'est-à-dire un axe principal de l'el-lipsoïde d'inertie.

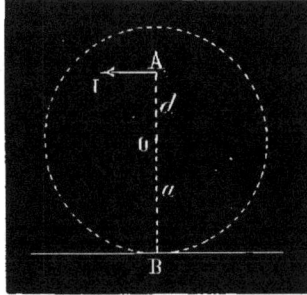

Alors l'impulsion I serait tout entière dans un plan prin-cipal, et le mouvement de no-tre figure peut être assimilé à celui d'une figure plane dans son plan.

La vitesse de translation du centre de masse O est constante, ainsi que la vitesse angulaire de rotation au-tour de ce point, c'est-à-dire que le mouvement revient au roulement d'un cercle sur une droite, et l'on a comme précédemment :

$$a\,d = \text{constante.}$$

223. Le point A est dit le *centre de percussion,* cor-respondant à l'*axe spontané de rotation* B.

CHAPITRE DEUXIÈME

MOUVEMENTS DUS A DES FORCES

PREMIÈRE SECTION

ACTION DES FORCES SUR UN POINT MATÉRIEL

PREMIÈRE PARTIE

DÉFINITION ET ROLE DE LA FORCE

224. Jusqu'ici nous ne nous sommes occupé que des mouvements qui se continuaient par l'inertie propre de la matière sans tenir compte des impulsions antérieures, causes du mouvement, autrement que par leur résultat final.

Dans ce chapitre, nous allons nous occuper des impulsions actuelles et tâcher de découvrir leur mode d'action sur les corps.

225. Lorsqu'un point matériel animé primitivement d'une impulsion I se trouve avoir acquis une autre impulsion totale I', nous savons que ce fait n'a pu se produire que par l'intervention d'une impulsion perturbatrice i qui, composée avec I, donne la résultante I'.

Mais cette impulsion perturbatrice i n'a pas été instantanée, car dire qu'elle a agi pendant un temps nul, reviendrait à dire qu'elle n'a pas agi.

Elle a pu, au contraire, agir d'une manière continue et faire décrire à l'extrémité I des parallèles menées à chaque instant par un point O à l'impulsion totale, une courbe I I'.

Le résultat de l'action actuelle de notre impulsion perturbatrice continue est donc de déplacer d'une manière continue l'extrémité I des parallèles OI aux impulsions totales de chaque instant.

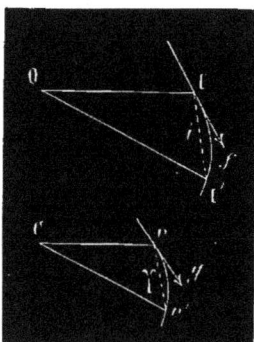

v et v' étant les vitesses que possède le point matériel considéré sous l'action des impulsions totales I et I', on sait que l'on a toujours :

$$I = mv.$$

Ce qui signifie que I étant proportionnel à v, la figure C v v' obtenue en menant par un point C des droites égales et parallèles aux vitesses v, v', ... est homothétique à la figure O I I'.

226. Il y a donc aussi proportionnalité entre la vitesse g du point v et la vitesse f du point I, et l'on a :

$$f = mg.$$

227. La quantité f définie par cette relation est, on le voit, l'élément déterminant des variations de I qui sont d'autant plus rapides ou plus lentes que f est plus grand ou plus petit.

On a donné à cette quantité f ainsi définie le nom de FORCE, et l'on a été amené naturellement par analogie avec les accélérations, à distinguer :

228. La *force tangentielle,* qui n'influe que sur la grandeur des impulsions (*) ;

(*) La pesanteur nous offre un exemple d'une force constante qui par suite imprime à un point matériel une accélération constante.

On a pris pour unité de force celle qui fait tomber un poids de 1 KILOGR. avec la même vitesse que la pesanteur.

229. La *force normale* ou *centripète,* qui n'influe que sur leur direction et qui a pour expression $m \dfrac{v^2}{\rho}$,

ρ étant le rayon de courbure de la trajectoire.

230. Il est clair aussi que la force motrice reste constamment dans le plan osculateur à la trajectoire en chaque point.

231. Les principes de la dynamique s'étendent évidemment des impulsions aux forces qui n'en sont que les éléments.

Le principe d'*inertie* signifie qu'un point matériel continue à se mouvoir uniformément et en ligne droite, tant qu'il n'intervient aucune force.

232. Le principe de l'*égalité* de l'*action* à la *réaction* ne subit aucune modification, qu'il s'agisse de forces ou d'impulsions.

233. Quant à l'*indépendance* des effets des forces successives ou simultanées, elle résulte des règles de la composition des forces qui ne sont autres, on l'a déjà prévu, que celles de la composition des accélérations et dont nous allons nous occuper dans un instant.

234. Bornons-nous, en passant, à mentionner une nouvelle définition de la masse qui résulte de celle de la force ; la formule $f = m g$ prouve que :

La masse d'un point matériel est le rapport d'une force qui agit sur ce point à l'accélération que cette force détermine.

SECONDE PARTIE

COMPOSITION DES FORCES APPLIQUÉES
A UN POINT MATÉRIEL.

235. Forces. — On a vu, d'une part, que les impulsions se composent comme les vitesses ; d'autre part, que les forces dérivent des accélérations comme les impulsions des vitesses.

On peut donc dire que les forces se composent comme les accélérations, d'où il résulte que :

Plusieurs forces concourantes qui agissent sur un point matériel peuvent être remplacées par leur résultante.

236. Pour appliquer cette règle, il faut tenir compte de ce fait que, lorsque le point matériel fait partie d'un système animé d'une rotation, il faut, aux composantes qui agissent sur ce point, ajouter la force centripète composée, par analogie à ce qu'on a fait en cinématique pour composer les accélérations.

237. Moments. — Tout ce qui a été dit au sujet des moments des accélérations s'applique aussi aux moments des forces agissant sur un point matériel.

On peut dire en particulier que, lorsque la vitesse aréolaire est constante, la force passe par le point fixe par rapport auquel on a considéré ces vitesses aréolaires,

Et réciproquement :

Une force passant par un point fixe détermine un mouvement aréolaire uniforme.

238. On peut dire que :

Le moment d'une force dérive du moment de l'impul-

*sion comme la force elle-même dérive de l'impulsion,
c'est-à-dire comme l'accélération dérive de la vitesse* (*).

SECONDE SECTION

ACTION DES FORCES SUR UN SYSTÈME

PREMIÈRE PARTIE

DES COUPLES

239. Si nous nous rappelons que le moment d'une
impulsion n'est autre chose en réalité qu'un couple d'impulsions, nous voyons qu'en faisant usage de dénomina-
tions équivalentes, nous pouvons modifier le dernier
énoncé (238) comme il suit :

Le couple de forces (qu'à l'avenir nous appellerons
couple tout court).

240. *Le couple dérive du couple d'impulsions*, comme

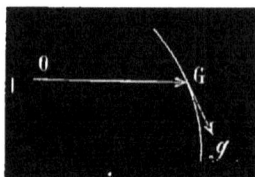

la force elle-même dérive de l'impulsion, c'est-à-dire *comme l'accélération dérive de la vitesse.*

On voit donc que O G étant une
longueur égale et parallèle à un
couple d'impulsions antérieures,
menée par le point O, le couple est mesuré par la vitesse *g,* avec laquelle se déplace le point G.

(*) Il est presque superflu d'ajouter que l'on représente les forces
comme on a représenté jusqu'ici les vitesses, les accélérations, les
impulsions, par des droites proportionnelles à leur grandeur ou in-
tensité et passant respectivement par les points sur lesquels les
forces agissent, c'est-à-dire qui sont leur point d'application, et
qu'on indique leur sens par une flèche.

241. L'effet d'un couple d'impulsions étant indépendant de sa position et ne dépendant que de sa grandeur et de sa direction, il en sera de même du couple de forces.

Ce dernier sera représenté, comme le couple d'impulsions, par une droite perpendiculaire à son plan.

242. Un couple de forces provenant toujours de variations identiques de deux impulsions égales et opposées, se compose lui-même de deux forces égales et opposées.

243. Un couple n'étant en réalité que la vitesse de l'extrémité G de O G, il en résulte que *les couples se composent comme les vitesses.*

DEUXIÈME PARTIE

COMPOSITION DES FORCES APPLIQUÉES
A UN SYSTÈME

244. **Effet d'une force unique.** — Nous n'avons parlé jusqu'ici que de l'effet d'une force sur un point matériel, ce qui signifie, si l'on se reporte à la définition du point matériel, l'effet d'une force sur le centre de masse d'un système.

Nous savons que, dans ce cas, une force donne naissance à des impulsions, elles aussi appliquées au centre de masse, et par suite à de simples translations du système.

245. Que faut-il entendre par effet d'une force F sur un point A d'un système qui n'est pas le centre de masse?

Si nous appliquons au centre de masse deux forces égales à F, dont l'une F_1 soit de même sens que F et l'autre F_2 de sens contraire, nous ne changeons rien aux effets produits, et nous nous trouvons avoir remplacé la force unique F par une force F_1 qui n'est autre chose que F transporté au centre de masse et le couple (F, F_2).

Comme nous connaissons l'effet d'une force appliquée au centre de masse d'une part, et de l'autre l'effet d'un couple, nous pouvons nous figurer celui de la force unique F appliquée en A, qui équivaut à la réunion des précédents.

246. Effet de plusieurs forces. — Dans le cas où plusieurs forces agissent sur un système, nous pouvons les transporter toutes au centre de masse, et là les composer comme les forces appliquées à un point matériel, puis composer aussi les couples auxquels ces transports auront donné naissance.

On trouvera donc les résultantes de la même façon que si nos forces eussent été des impulsions, et comme la résultante est indépendante de l'ordre suivi pour composer les composantes, on voit que :

247. Composition des forces. — *Les règles de la composition des impulsions s'appliquent intégralement à la composition des forces.*

Mentionnons en passant la règle de la composition des impulsions parallèles, identique à celle des rotations parallèles qui, elle aussi, s'applique aux FORCES PARALLÈLES.

Rappelons enfin que toujours par analogie avec les impulsions :

248. *Une force et un couple dont l'axe est perpendiculaire à la force se composent en une seule force;*

Qu'une force et un couple dont l'axe est parallèle à la force, constituent le groupe le plus simple auquel peuvent se ramener toutes les forces agissant sur un système.

Ajoutons à tout cela que :

249. La résultante projetée de toutes les forces d'un système est égale à la somme des composantes projetées ;

Et que :

250. L'axe du couple résultant projeté est égal à la somme des moments projetés de toutes les forces qui agissent sur le système.

Ces deux derniers énoncés ont une certaine importance tirée soit de leur rôle dans le problème de la détermination des résultantes, soit de leur rôle plus considérable encore en statique.

TROISIÈME PARTIE

COUPLES TANGENTIELS ET NORMAUX

251. Nous avons analysé complétement l'effet d'une force sur le centre de masse d'un système, en mettant en évidence l'effet des deux composantes tangentielles et normales dont l'une, dirigée suivant l'impulsion, c'est-à-dire la vitesse, en détermine les variations, et l'autre les déviations de la direction de cette vitesse, c'est-à-dire la forme de la trajectoire.

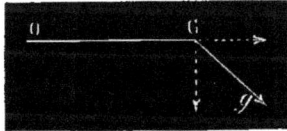

Nous concevrons aisément qu'un couple g qui a pour effet de déterminer le déplacement de l'extrémité G du couple d'impulsions O G peut de même être décomposé en deux autres respectivement dirigés suivant O G et perpendiculairement à O G.

Le premier sera dit le COUPLE TANGENTIEL et le second le COUPLE NORMAL.

Nous allons analyser séparément les effets de ces deux couples.

252. Effet du couple tangentiel. — Nous savons que, sous l'action du couple d'impulsions antérieures G, le centre de masse O ne bouge pas et l'ellipsoïde central se meut en touchant constamment le plan P en des points tels que A, autour d'axes instantanés tels que O A.

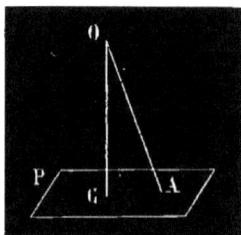

Nous savons aussi que, par un choix convenable d'unités, nous avons pu amener les longueurs O G et O A à représenter respectivement le couple G et la vitesse angulaire ω indépendamment des valeurs absolues soit de G, soit de ω.

Nous en concluons que le couple tangentiel qui n'influe en rien sur la direction de O G, mais seulement sur sa grandeur absolue, ne fera qu'augmenter dans la même proportion les vitesses angulaires ω, mais sans déplacer ni le plan P ni l'ellipsoïde central, ni par conséquent les cônes roulant l'un sur l'autre.

C'est-à-dire que, sauf la vitesse angulaire qui a augmenté dans un rapport constant, aucun changement ne s'est produit dans le mouvement primitif.

C'est-à-dire que :

253. Le couple tangentiel n'influe que sur la rapidité du mouvement mais nullement sur la trajectoire d'aucun des points du système.

Remarquons en passant que, dans ce cas, l'accélération angulaire de la rotation ω autour de l'axe instantané O A est toujours dans le plan P.

254. Effet du couple normal. — Il résulte de ce qui précède que le couple normal qui n'a aucune influence ni sur la grandeur de O G ni sur la rapidité du mouvement, n'influe que sur sa direction, et a pour effet de changer la position du plan P, qui n'en reste pas moins tangent à l'ellipsoïde d'inertie.

255. **Des accélérations angulaires.** — Dans le mouvement d'un corps, sous l'influence de couples d'impulsions antérieures, la vitesse du pôle instantané A, dans
le plan P, représente l'accélération angulaire instantanée de rotation.

Ainsi, contrairement à tout ce qu'on a vu jusqu'ici, il
peut exister une accélération *angulaire* sans l'intervention d'aucune force.

Mais pour distinguer cette accélération angulaire naturelle de celle que produirait un couple, nous la dési-
gnerons sous le nom :

D'*accélération angulaire périodique,* car on sait, qu'en
effet, elle repasse périodiquement par les mêmes valeurs tant qu'il n'intervient aucun couple étranger.

On voit dès lors qu'un couple tangentiel n'influe que
sur la grandeur de l'accélération périodique et non sur
la suite de ses positions, c'est-à-dire qu'un pareil couple
ne donne naissance qu'à des accélérations angulaires de
même direction que l'accélération angulaire périodique.

256. Cherchons maintenant l'effet produit par un
couple normal sur l'accélération angulaire.

On sait que l'effet d'un couple d'impulsions O*g* normal à l'impulsion OG est de déterminer un mouvement
de l'ellipsoïde tangentiellement au
plan Q perpendiculaire à O *g* et
à P, mouvement qu'il faudrait
composer avec le mouvement déjà
acquis par l'effet de l'impulsion
antérieure OG, pour avoir le mouvement résultant, lequel s'effectuerait tangentiellement au plan
provenant de la résultante des couples d'impulsions
G et *g*.

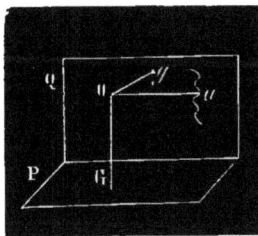

Les vitesses angulaires dues à *g*, telles que O*a*, con-
vergent en O, tandis que leur extrémité *a* décrit sur le
plan Q une courbe ondulée.

Mais on sait, d'après ce qui précède, que :

Si l'on considère O g comme représentant non plus un couple d'impulsions mais un couple (de forces), O a ne sera plus une vitesse angulaire mais bien une ACCÉLÉRATION ANGULAIRE que, pour la distinguer de la précédente, nous appellerons *non périodique*.

Nous voyons que l'accélération angulaire non périodique ne dépend que du couple normal, et nullement du couple tangentiel.

En résumé, on voit que :

257. *L'accélération angulaire totale* est la résultante de :

L'accélération angulaire périodique, l'accélération angulaire tangentielle (qui ont même direction), *et l'accélération angulaire non périodique.*

CHAPITRE TROISIÈME

DES PUISSANCES VIVES

PREMIÈRE SECTION

TRAVAIL

PREMIÈRE PARTIE

DÉFINITION DU TRAVAIL

258. Notion du travail. — Dans l'industrie on emploie en général les forces à produire un mouvement déterminé, dont le résultat est ce qu'on nomme le travail.

Ainsi un bateau B, halé par des chevaux, est soumis à une force F déployée par ces chevaux, mais doit se mouvoir parallèlement au rivage, c'est-à-dire que la composante tangentielle f seule donne naissance à un travail industriel utile, tandis que la composante normale φ dont l'effet est contre-balancé par celui du gouvernail ne développe en réalité aucun travail.

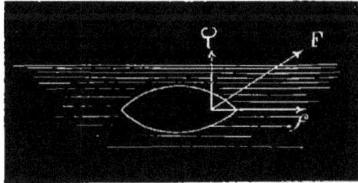

Il est clair, d'ailleurs, que le travail produit est proportionnel, d'une part, au déplacement du bateau, et de l'autre, pour un même déplacement, à la force utile qu'il a fallu déployer.

Nous concluons de là que le travail est proportionnel au produit de la composante tangentielle par le déplacement rectiligne élémentaire, c'est-à-dire au produit :

$$M M' \times f.$$

259. Travail d'une résultante. — Lorsque le point M a subi un déplacement M M' sous l'influence de plusieurs forces F, F', F'' dont la résultante est R, on sait que :

$$\overline{R} = \overline{F} + \overline{F}' + \ldots$$

en projection sur une droite quelconque.

Mais si l'on projette sur M M', cette relation devient
$$\overline{R} = f + f' + \ldots$$
C'est-à-dire que :

260. *Le travail dû à l'action de plusieurs forces agissant sur un même point matériel est égal à la somme des travaux de chacune d'elles.*

C'est aussi le travail de la résultante.

261. Action des forces sur un système à liaisons. — Les forces qui agissent sur un système à liaisons sont de deux sortes : extérieures ou intérieures; ces dernières étant deux à deux égales et de sens contraire en vertu du principe d'égalité de l'action et de la réaction.

262. Dans un *corps de forme invariable,* les déplacements dus aux forces intérieures, sont nuls, c'est-à-dire que *les forces intérieures ne développent aucun travail.*

Cherchons dans un pareil corps l'expression du travail développé par les forces extérieures.

Dans le cas où le mouvement est de translation, tous les déplacements sont parallèles et égaux à celui du centre de masse, et il est clair qu'alors le travail *total* est le même que si la masse avait été concentrée au centre de masse et que toutes les forces eussent été appliquées en ce point.

263. Théorème des projections. — Ce que nous venons d'énoncer est encore vrai en projection sur un axe quelconque.

Mais que faut-il entendre par projection d'un travail? C'est le travail de la force projetée qui est censée produire le mouvement projeté. Ce travail projeté est donc proportionnel au produit de la force projetée par le déplacement projeté :

$$\overline{MM'} \times \overline{F}.$$

Mais ce théorème de la projection des travaux peut être généralisé au cas d'un système quelconque, animé d'un mouvement quelconque, translation ou rotation.

Dans ce cas, chacun des points matériels dont se compose le système, donne naissance à un travail projeté égal à $\overline{MM'} \times \overline{F}$,

Et le travail total est égal à (*)

$$\Sigma\,(\overline{MM'} \times \overline{F}).$$

C'est ce qu'on appelle le *travail estimé suivant la direction* sur laquelle on projette.

(*) Dans un mouvement rectiligne et sous l'influence d'une force constante dirigée dans le sens du mouvement, le travail T est proportionnel au produit Fe de la force par l'espace parcouru.

Si la force F est égale à 1 kil.,

L'espace e à 1 mètre,

Et si nous convenons, dans ce cas, de prendre pour unité de travail le travail déployé dans ce mouvement et qu'on appelle le *kilogrammètre,* ce choix d'unités nous permet de poser la formule $T = e\,F$.

SECONDE PARTIE

EXPRESSION DU TRAVAIL

264. Nous avons défini le travail, mais nous ne savons pas l'évaluer.

Pour arriver à l'évaluer numériquement, il est nécessaire de rappeler tout d'abord un lemme que nous aurions pu établir en cinématique, mais qui est mieux à sa place ici.

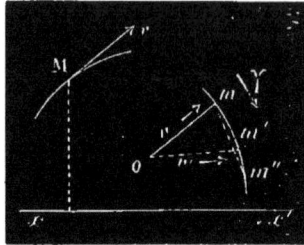

Considérons un point M qui se déplace sur une courbe avec une vitesse qui est à un instant déterminé égale à v,

Soit $om=$ et parallèle à v, une génératrice du cône des vitesses.

Remplaçons un instant la courbe de base de ce cône par un polygone inscrit $m\,m'\,m''\ldots\ldots$ et supposons que le point M décrive chacun des côtés de ce polygone d'un mouvement uniforme avec une vitesse γ.

On a alors en projection sur un axe quelconque $x\,x'$:

$$\overline{om} + \overline{mm'} = \overline{om'}$$

d'où :

$$\overline{v'} - \overline{v} = \overline{mm'} = \overline{\gamma}\,t$$

γ étant la vitesse du point m qui mettra le temps t à parcourir uniformément la droite $m\,m'$.

Si maintenant nous projetons sur l'axe $x\,x'$ le mouvement du point M, nous savons que la vitesse projetée de ce point serait constamment égale à $\overline{v}$ et l'espace parcouru projeté égal à $\overline{vt}$ si la vitesse v restait constante.

Mais nous savons, d'autre part, qu'indépendamment

de la vitesse v, l'accélération $\overline{\gamma}$ du point M projeté lui ferait parcourir pendant le même temps t l'espace $\overline{\gamma}\dfrac{t^2}{2}$.

L'espace total parcouru par la projection de M sur l'axe $x\,x'$ sera donc la somme des espaces que lui ont fait parcourir et la vitesse $\overline{v}$ et l'accélération $\overline{\gamma}$, c'est-à-dire :

$$\tilde{v}\,t + \frac{\overline{\gamma}\,t^2}{2} = \overline{e}.$$

Mais la relation établie plus haut donne :

$$t = \frac{\overline{v'} - \overline{v}}{\overline{\gamma}},$$

et en substituant à t cette valeur :

$$\overline{v}\left(\frac{\overline{v'} - \overline{v}}{\overline{\gamma}}\right) + \frac{\overline{\gamma}}{2}\left(\frac{\overline{v'} - \overline{v}}{\overline{\gamma}}\right)^2 = \overline{e}$$

d'où

$$\overline{v}\,(\overline{v'} - \overline{v}) + \frac{1}{2}(\overline{v'} - \overline{v})^2 = \overline{e}\,\overline{\gamma},$$

et

$$-v^2 + \frac{\overline{v'^2} + \overline{v^2}}{2} = \overline{e}\,\overline{\gamma},$$

c'est-à-dire :

$$\frac{1}{2}(\overline{v'^2} - \overline{v^2}) = \overline{e}\,\overline{\gamma}.$$

Telle est l'expression que nous donne la cinématique pure.

265. Remarquons que si nous multiplions les deux membres de cette relation par m, elle devient :

$$\frac{1}{2}m(\overline{v'^2} - \overline{v^2}) = \overline{e}\,(\overline{\gamma\,m}).$$

Or on sait que γ représentant une accélération, le

produit γm de cette accélération par la masse du point M représente la force qui a donné naissance à l'accélération γ, on a donc :

$$\frac{1}{2}\,m\,(\overline{v'}^{2} - \overline{v^{2}}) = \overline{e}\,\overline{f}.$$

On sait aussi que $\overline{e}\,\overline{f}$ est proportionnel au travail de la force f compté suivant l'axe $x\,x'$ et correspondant au déplacement e pendant que le point m est venu de m en m'.

266. Pendant que ce même point ira de m' en m'' on aura de même :

$$\frac{1}{2}\,m\,(\overline{v''}^{2} - \overline{v'}^{2}) = \overline{e'}\,\overline{f'},$$

et ainsi de suite..... jusqu'à :

$$\frac{1}{2}\,m\,(\overline{v_{n}}^{2} - \overline{v_{n-1}}^{2}) = \overline{e_{n}}\,\overline{f_{n}}.$$

Ajoutant membre à membre toutes ces relations, nous aurons :

$$\frac{1}{2}\,m\,(\overline{v_{n}}^{2} - \overline{v^{2}}) = \Sigma\,\overline{e}\,\overline{f}.$$

Cette relation vraie, quel que soit le mode de division de la courbe $m\,m'$..... reste vraie, lorsque les côtés du polygone inscrit $m\,m'$ diminuent de plus en plus.

267. Et l'on peut dire que : v et v' étant les vitesses d'un point M, au commencement et à la fin d'une période de temps quelconque,

La somme des travaux des forces qui ont agi sur le point M *pendant cette période est proportionnelle à l'expression :*

$$\frac{1}{2}\,m\,(\overline{v^{2}} - \overline{v'}^{2}),$$

comptée suivant la direction sur laquelle on veut esti-
mer ces travaux.

Remarquons que chacun des termes de la somme que
nous venons de faire est encore exact si la droite $x\,x'$ est
à chaque instant confondue avec la position correspondante de MM', ce qui permet de dire d'une manière plus
générale encore que *l'énoncé précédent n'est pas seulement vrai en projection,*

Et que :

268. *La somme des travaux des forces pendant une
certaine période est toujours proportionnelle au produit :*

$$\frac{1}{2}m\left(v^2 - v'^2\right)\ (^*).$$

DEUXIÈME SECTION

PUISSANCE VIVE

PREMIÈRE PARTIE

PUISSANCE VIVE DE TRANSLATION

269. Lorsqu'un point en repos est soumis temporai-
rement à une force qui a pour résultat de l'animer d'une
vitesse v, le travail effectué par cette force est mesuré,
on l'a vu, par l'expression :

$$\frac{1}{2}m v^2.$$

Supposons maintenant qu'une seconde force, agissant

(*) Cette expression du travail prouve que la quantité $\Sigma\,(\mathrm{M\,M'}\times\mathrm{F})$
(263) qui, elle aussi, représente le travail, a une valeur parfaitement
définie.

sur ce point, ait pour effet de lui donner une vitesse égale et opposée à celle qu'il possède, c'est-à-dire de le faire rentrer à l'état de repos. Le travail de cette nouvelle force sera :

$$-\frac{1}{2}mv^2.$$

Si nous nous représentons cette nouvelle force comme émanée d'un autre point, nous savons qu'en vertu du principe d'égalité de l'action et de la réaction, cet autre point a, pendant la seconde période d'action de la force, subi de la part du point m une force à chaque instant égale et opposée, c'est-à-dire qu'en définitive le point M n'a fait que céder à un autre le travail effectué par la première force.

On peut donc dire que tout point de masse m, animé d'une vitesse v, tient en quelque sorte disponible pour être cédée au premier obstacle une quantité de travail proportionnelle au produit :

$$\frac{1}{2}mv^2.$$

C'est ce qui a fait donner à cette expression le nom de PUISSANCE VIVE.

270. Les raisonnements faits précédemment pour le cas d'une seule force s'étendent aisément, en supposant cette force décomposée en tant de composantes qu'on voudra, de sorte qu'on peut dire que les résultats acquis sont vrais pour le cas de plusieurs forces appliquées à un point matériel.

Si l'on passe d'un point matériel à un système, on peut dire que :

271. Dans le cas d'une simple translation, la puissance vive totale d'un système n'est autre que celle du centre de masse où l'on supposerait le système concentré.

272. Remarquons pour terminer que la puissance vive $\dfrac{mv^2}{2} = \dfrac{mv}{2} v = \dfrac{I\,v}{2}$ peut être considérée comme le $\dfrac{1}{2}$ produit de l'impulsion par la vitesse.

SECONDE PARTIE

PUISSANCE VIVE DE ROTATION

273. Nous ne nous sommes pas encore rendu compte de ce qu'il faut entendre par puissance vive d'un système lorsque le mouvement du système n'est plus une simple translation.

Considérons un système mû par un couple d'impulsions antérieures G, et soit O A un axe instantané de rotation.

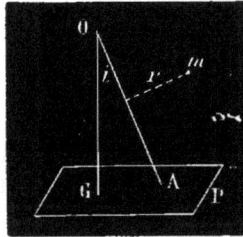

Un point quelconque de masse m, et dont la distance à l'axe instantané est r, est animé d'une vitesse :

$$\omega\, r.$$

L'impulsion antérieure qui a dû agir sur ce point supposé isolé du système est donc $m\,\omega\,r$.

Le $\frac{1}{2}$ produit de cette impulsion par la vitesse $\omega\,r$ est :

$$\frac{1}{2}\,m\,\omega^2\,r^2.$$

Telle est l'expression de la puissance vive du point m. Celle de tout le système sera donc :

$$\frac{1}{2}\,\omega^2 \Sigma\,m\,r^2,$$

Mais on sait que :

$$\omega\, \Sigma\, m\, r^2 = G\cos i.$$

La puissance vive est donc aussi :

$$\frac{1}{2}\, \omega\, \mathrm{G} \cos i.$$

274. Cette puissance vive, comme on l'a démontré, est constante tant qu'aucune force ne vient agir sur le système.

On s'est déjà servi précédemment de cette propriété pour arriver à la théorie de l'ellipsoïde d'inertie.

275. Sous la forme $\frac{1}{2}\omega^2 \Sigma\, m r^2$, nous voyons que, comme nous l'avons déjà fait remarquer, l'expression $\Sigma m r^2$ remplace dans les rotations le facteur m qui figure dans les translations et que ω, vitesse angulaire, remplace de même v.

276. Sous la forme $\frac{1}{2}\mathrm{G}\,\omega \cos i$ nous voyons que G, remplaçant dans les rotations l'impulsion I, nous retombons sur l'analogue de l'expression I v, I étant dans ce cas une impulsion comptée suivant v, c'est-à-dire la projection d'une impulsion sur v, de même que G $cos\ i$ est la projection de G sur ω.

277. Nous pouvons maintenant compléter ce que nous avons dit précédemment sur la somme $\Sigma\,(\overline{\mathrm{M\,M'}} \times \overline{\mathrm{F}})$ des travaux d'un système comptée suivant un axe $x\,x'$.

Cette somme est égale à la somme des travaux dus aux translations que nous savons évaluer, plus celle due aux rotations, qui n'est autre chose que l'accroissement de la puissance vive de rotation $\frac{1}{2}\omega^2 \Sigma m r^2$.

TROISIÈME SECTION

IMPORTANCE DE LA NOTION DE PUISSANCE VIVE

PREMIÈRE PARTIE

TRANSFORMATION DE TRAVAIL EXTÉRIEUR EN TRAVAIL INTÉRIEUR

278. Comme conclusion de tout ce qui précède, nous voyons que :

La variation de la *somme des puissances vives de tous les points d'un système est proportionnelle à la somme des travaux de toutes les forces tant intérieures qu'extérieures qui ont agi sur chaque point;*

Que la somme des travaux des forces intérieures est nulle dans le cas d'un système invariable seulement.

279. Il résulte de là que, lorsqu'un corps se déforme, ce qui équivaut à un travail intérieur, il y a, par suite de cette déformation, augmentation de la puissance vive intérieure aux dépens de la puissance vive extérieure, et que même toute la puissance vive peut être employée à déformer le corps au lieu d'être employée à déplacer son centre de masse.

C'est le cas d'une pièce de fer qu'on forge.

280. Cette propriété remarquable de la puissance vive justifie l'importance qu'on a attachée à la notion du travail bien mieux que le besoin d'évaluer un travail industriel, en faisant ressortir l'influence de cette notion sur l'étude de la constitution des corps.

281. Le choc de deux corps donne lieu à des déformations plus ou moins considérables de chacun d'eux.

10

L'impossibilité de faire entrer ces déformations dans nos calculs, nous avait amené jusqu'ici à supposer tous les corps de la mécanique invariables de forme.

La notion de puissance vive nous fournit maintenant un moyen précieux de faire entrer en ligne de compte cette déformation qui répond à une transformation de travail extérieur en travail intérieur.

C'est ce que va faire ressortir la théorie du choc des corps dont nous allons dire quelques mots.

SECONDE PARTIE

THÉORIE DU CHOC

282. But de cette théorie. — Notre intention n'est pas de faire ici la théorie complète du choc des corps, mais seulement d'en examiner un cas très-particulier.

Nous n'avons pas, en effet, pour but d'étudier la théorie du choc, mais seulement de mettre en évidence l'utilité de la notion de puissance vive au point de vue d'une étude plus approfondie des propriétés contingentes de la matière, propriétés que, jusqu'ici, nous avons passées sous silence à cause de notre ignorance complète sur ce point.

Nous nous sommes borné jusqu'ici à constater que les divers corps n'avaient pas même *masse;* nous n'avons de notions précises que de la *masse* d'un corps, tandis que nous avons fait abstraction d'une foule de propriétés qui ne laissent pas que d'intervenir dans les fonctions mécaniques, telles que la dureté, l'élasticité, etc..., dont jusqu'ici nous ne savons pas donner de définition mathématique précise.

283. Choc de deux points matériels. — Le cas particulier que nous allons examiner, et qui suffit à éclaircir le rôle important des puissances vives, est celui du choc de deux sphères homogènes animées d'une translation uniforme suivant la ligne des centres, ou, si l'on préfère, de deux points matériels qui se meuvent uniformément sur la ligne qu'ils déterminent.

284. Constance de la puissance vive extérieure. — m et m' étant les masses des deux points matériels que nous considérons, v et v' leurs vitesses respectives; il est clair que la quantité de mouvement du centre de masse où l'on supposerait les deux masses concentrées serait :

$$m\,v + m'\,v' = (m + m')\,\text{V}.$$

La quantité de mouvement totale du système, on le sait, est constante tant qu'il n'intervient aucune action extérieure, et comme le choc est une action purement intérieure, elle reste constante malgré le choc; on a

donc : $\qquad (m + m')\,\text{V} = \text{constante},$

donc : $\qquad \text{V est constant},$

donc aussi $\dfrac{1}{2}\,(m + m')\,\text{V}^2$, qui n'est autre chose que la puissance vive du mouvement d'entraînement du système, laquelle est une constante invariable, mais qu'il ne faut pas confondre avec la puissance vive totale qui comprend en outre la puissance vive intérieure due au mouvement relatif des deux masses.

285. Variation de la puissance vive intérieure. — On voit donc que, pour étudier les variations que peut éprouver par suite du choc la puissance vive totale d'un système, on peut faire abstraction de la puissance vive extérieure du système, qui est invariable, et ne considérer que la puissance vive intérieure.

Ce qui veut dire que la puissance vive totale est indépendante du mouvement du centre de masse et nous permet, pour simplifier cette étude, de supposer ce point

immobile et de le prendre comme repère fixe du mouvement de nos deux masses.

Les distances des deux masses à ce centre étant toujours dans le rapport inverse de ces masses, on a donc,
avant comme après le choc : $\dfrac{v}{v'} = \dfrac{m'}{m}$.

Le rapport $\dfrac{v}{v'}$ des deux vitesses par rapport au centre
de masse est constant.

La puissance vive totale du système étant :

$$\frac{1}{2}\left(m\,v^2 + m'\,v'^2 \right)$$

et le rapport $\dfrac{v^2}{v'^2}$ étant constant, il en résulte que :

286. *Par suite du choc, la puissance vive totale augmente ou diminue dans le même rapport que v^2 ou
que v'^2.*

287. C'est ici que le raisonnement pur devient insuffi-
sant ; rien, en effet, ne peut nous permettre de prévoir
à priori si, par suite du choc, v augmente ou diminue.

288. Si l'un des deux corps en présence avait été
muni d'un ressort qu'on aurait tendu préalablement et
qui se détendrait au moment du
choc, v augmenterait en valeur absolue, partant v' et par suite aussi
la puissance vive du système.

Mais il a fallu, pour obtenir ce
résultat, tendre préalablement un
ressort et déployer pour cela un certain effort, et c'est
le résultat de cet effort qui a été d'augmenter la force
vive du système.

289. **Impossibilité du mouvement perpétuel.** — Dans
tous les cas où l'on n'a pas eu ainsi recours à un effort

préalable, on admet comme un axiome confirmé par l'expérience, que la force vive ne peut augmenter.

290. Cet axiome n'est qu'un cas très-particulier de cette vérité métaphysiqne que rien ne se crée dans la nature, et qu'une augmentation de force vive équivaudrait à une création de travail moteur (*).

291. Étant admis ce principe que la force vive ne peut augmenter par la seule action du choc et sans intervention d'aucune action secondaire, telle qu'un ressort, c'est-à-dire sans l'intervention d'une force nouvelle, il nous reste à examiner si la force vive peut ne pas diminuer.

292. **Élasticité parfaite.** — Pour que la force vive reste la même avant et après le choc, il faut que les vitesses v et v', tout en changeant de sens, ne varient pas en valeur absolue.

293. **Cas particulier.** — Cette hypothèse donne lieu à un cas particulier curieux que nous croyons devoir signaler en passant.

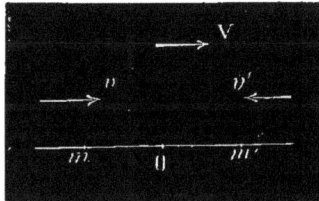

v étant la vitesse commune des deux masses égales m et m', par rapport au centre de masse O animé de la vitesse V; si l'on suppose m' en repos, c'est-à-dire $v' = V$, après le choc v changeant de sens, pour les deux masses, et V restant de même sens, ce sera m qui ne bougera plus et m' qui se sera mis en mouvement.

(*) Il y a là évidemment un axiome ou une hypothèse que les auteurs admettent tacitement. Ceux qui démontrent l'impossibilité du mouvement perpétuel admettent tacitement que la vitesse après le choc a diminué.

294. Revenons au cas général.

Lorsque le choc de deux corps ne donne lieu à aucune perte de puissance vive, on dit que leur élasticité est parfaite.

L'élasticité parfaite n'est plus en opposition avec aucun axiome métaphysique, mais ne s'en accorde pas davantage avec les faits observés, et l'observation nous apprend qu'en général,

295. *Le choc de deux corps diminue toujours leur vitesse relative au centre de masse, et par suite diminue toujours leur puissance vive.*

L'élasticité parfaite n'existe pas en réalité.

296. Disparition apparente de puissance vive. — Quelle est maintenant la valeur de cette diminution de puissance vive?

Elle est essentiellement variable suivant

> La nature des corps en présence,
> Leur forme,
> Les circonstances du choc,
> Les masses,
> Les surfaces de contact, etc.

C'est ici qu'intervient pour la première fois en mécanique l'influence de la constitution des corps naturels sur laquelle nous ne possédons aucune donnée précise.

297. Choc des corps mous. — On peut se demander cependant s'il y a une limite à cette diminution de puissance vive, c'est-à-dire si elle a un maximum qu'elle ne peut pas dépasser.

Rien ne nous empêche de supposer que, par suite de leur rencontre, nos deux points matériels se sont confondus en un seul avec leur centre de masse.

Alors, dans l'hypothèse du centre de masse immobile, ils auront perdu la totalité de leur puissance vive.

Si le centre de masse était mobile, ils ne conserve-

raient que la puissance vive extérieure du système que
déjà précédemment nous avons reconnue invariable.

Ce cas, que nous venons d'examiner en dernier lieu,
est connu sous le nom de *choc des corps mous*.

La rencontre de deux sphères liquides soustraites à la
pesanteur, qui se réunissent en une seule sphère, nous
en offre un exemple.

298. Interprétation des résultats qui précèdent. —
Mais il existe un axiome corrélatif à celui dont nous
avons fait usage et qui est que, dans la nature, rien ne
se perd.

Il semble que nous soyons en contradiction avec cet
axiome, ayant reconnu précédemment la disparition apparente d'une certaine puissance vive. — Comment
expliquer cette anomalie?

299. L'exemple déjà cité du ressort va nous mettre
sur la voie. — Si le ressort n'étant pas tendu avant le
choc, se tendait simplement sans se détendre aussitôt,
nous rentrerions dans le cas précédent; il y aurait perte
apparente d'une puissance vive qui n'est autre que
celle gagnée, en apparence aussi, dans notre premier
exemple, lorsque le ressort, préalablement tendu, se
détendait au moment du choc.

300. On voit donc que la puissance vive, qui semble
disparaître, ne disparaît en réalité que sous sa forme
primitive de puissance vive extérieure, mais reparaît
sous une autre forme, sous celle de puissance vive intérieure.

En d'autres termes :

301. Lorsque deux corps se choquent, UNE PARTIE
seulement DE LEUR PUISSANCE VIVE EST EMPLOYÉE A MODI-
FIER LEURS VITESSES.

*Une autre partie de cette puissance vive a pour résultat
de déformer les corps en présence.*

302. Exemples. — Quelques exemples éclairciront complétement cet énoncé. — Lorsqu'un forgeron forge une pièce de fer, la majeure partie de la puissance vive du marteau est employée à déformer son fer. On tâche de transformer le plus possible de force vive extérieure en force vive intérieure, et l'on cherche à s'opposer à tout mouvement que prendrait le fer ou le marteau par suite du choc, pour se rapprocher le plus possible du cas du choc des corps mous.

Lorsqu'au contraire, on voudrait se servir du marteau comme d'une raquette pour lancer un projectile, on tâcherait de produire la moindre déformation et de conserver intégralement la plus grande somme de force vive extérieure. Il faudrait pour cela opérer, non plus sur des corps mous comme le fer rouge, mais sur des corps très-élastiques, tels qu'un ballon en caoutchouc, par exemple.

303. Résumé. — En résumé, on voit que le choc occasionne toujours une transformation de puissance vive extérieure en puissance vive intérieure ;

Que, suivant le but que l'on poursuit, on peut avoir, au point de vue industriel, avantage à augmenter ou à diminuer cette quantité de puissance vive transformée, c'est-à-dire à composer les organes d'une machine de corps mous ou de corps élastiques,

Et qu'enfin, et c'est là que nous voulions en venir,

304. Conclusion. — La notion de puissance vive jouit de la propriété remarquable d'être une valeur définie mathématiquement et qu'on peut mesurer, qui nous permet de comparer (à un point de vue très-restreint, il est vrai) la constitution intime de deux corps déterminés.

305. Remarque finale. — Il n'y a pas que le choc qui puisse déterminer une perte apparente de force vive ; les frottements, et tout ce que l'on appelle les résistances passives, sont dans le même cas.

L'étude détaillée de ces phénomènes est du ressort de la mécanique appliquée.

La quantité de puissance vive perdue dans chaque cas ne peut se prévoir théoriquement. Ce n'est pas une valeur mathématique et nécessaire. C'est une valeur contingente qui ne dépend que de la constitution essentiellement contingente des divers corps naturels.

Cette constitution contingente dépend d'une foule d'éléments dont quelques-uns se mesurent, tels que la masse, la densité, le volume, la forme, etc.

A tous ces éléments, nous venons d'ajouter un élément de plus, mesurable dans certaines conditions; c'est la perte de puissance vive par suite d'une résistance passive (*).

(*) Dans certains cas, la puissance vive extérieure disparaît sans déformer le corps, mais en l'échauffant ou en l'électrisant, etc. — Ce sont ces phénomènes qui ont donné naissance à la théorie mécanique de la chaleur, de l'électricité, etc.

LIVRE TROISIÈME

STATIQUE

LIVRE TROISIÈME

STATIQUE

CHAPITRE PREMIER

DEFINITION DE L'ÉQUILIBRE

PREMIÈRE SECTION

EFFET STATIQUE DES FORCES

PREMIÈRE PARTIE

CORPS EN MOUVEMENT RELATIF

306. Nous avons vu précédemment que, lorsqu'un corps est animé d'un mouvement quelconque par rapport à un certain repère, l'addition d'une ou de plusieurs forces altère généralement le mouvement qu'aurait eu le corps sans leur intervention.

Mais nous savons aussi que cette altération est la même, lorsqu'à une ou plusieurs forces perturbatrices on substitue des systèmes de forces équivalents, c'est-à-dire donnant naissance à une même résultante et à un même couple résultant.

Or on conçoit très-bien que ces deux derniers éléments puissent se trouver avoir une valeur nulle. — On voit donc par là que si un mouvement est toujours l'effet de forces, certaines forces peuvent, dans certains cas, ne modifier en rien un mouvement préexistant. Est-ce à dire que ces forces sont sans effet ? Ce serait contraire au bon sens, car qui dit force, dit effet, une force ne se manifestant à nous que par un effet.

307. Pour nous faire une idée de la façon d'agir des forces qui sont sans influence sur le mouvement, considérons un cas particulier très-simple, celui de deux forces égales, opposées et dans le prolongement l'une de l'autre. — La ligne AB n'est évidemment dérangée en rien par l'action des forces f et f'; mais si cette ligne représentait un fil, par exemple, il est clair que ce fil serait tendu.

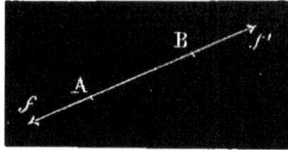

Nous pouvons donc dire d'une manière générale que les forces qui sont sans influence sur le mouvement d'un corps, y déterminent des TENSIONS (ou pressions intérieures diverses),

Et l'on dira que :

308. Le corps est en équilibre relativement à celles de ces forces qui, sans influer sur son mouvement, n'y déterminent que des tensions.

On dira aussi que :

Ces dernières forces sont en équilibre entre elles.

SECONDE PARTIE

CORPS EN REPOS RELATIF

309. Un simple changement de repère nous permet d'étendre ce qui précède au repos relatif qui n'est qu'un cas particulier du mouvement relatif.

310. L'examen de ce cas particulier, complétement superflu au point de vue purement théorique, tire son importance de ce fait que la statique a débuté par l'état de science expérimentale ; dans beaucoup d'ouvrages encore, on y parle de l'équilibre de corps en repos, ce qui veut dire pour nous, grâce aux prémisses que nous avons établies, en repos par rapport à la terre prise comme repère. — Nous rappelons, en effet, que dans tout le cours du présent ouvrage, il n'a été question ni de mouvement absolu, ni de repos absolu, dont l'existence n'est et ne peut être qu'hypothétique. — Quoi qu'il en soit, il est clair que toutes les vérités démontrées sur les moüvements relatifs doivent s'étendre au repos relatif qui n'en est qu'un cas particulier.

SECONDE SECTION

IL N'Y A PAS LIEU DE S'OCCUPER DES IMPULSIONS EN STATIQUE

PREMIÈRE PARTIE

DISTINCTION ENTRE LA FORCE ET L'IMPULSION

311. D'après ce qu'on a vu précédemment, l'impulsion ne se traduit que par une vitesse acquise et deux impulsions égales peuvent n'être pas identiques. — Éclaircissons ce fait par un exemple.

312. Une impulsion I a animé le point M de la vitesse de translation uniforme V, mais ce n'est pas instantanément que le point M a pris la vitesse V, car on sait que l'impulsion I n'est que le résultat de l'action d'une force F variable ou constante, pendant le temps t qui n'est jamais nul, quelque petit qu'il soit.

313. Nous avons défini impulsions égales et opposées

celles qui animeront le point M de deux vitesses égales et opposées. — Le résultat final de l'action de ces deux impulsions égales et opposées sera de faire rentrer le point M au repos.

Mais comme notre définition des impulsions égales ne fait aucune hypothèse, ni sur F ni sur t, on ne peut pas affirmer que le point M n'ait pas bougé.

314. Dire qu'il n'a pas bougé, c'est dire que les forces telles que F ont été, à chaque instant, égales et opposées.

C'est donc l'*équilibre des forces* et non *celui des impulsions* qui détermine le point matériel à rester au repos.

315. Une autre distinction entre les impulsions et les forces au point de vue statique, est que l'effet d'impulsions qui se font équilibre, est bien d'imprimer une secousse au point M, mais non de le soumettre à une tension continue et sans secousse, comme le feraient des forces en équilibre.

316. On voit donc que c'est bien la force et non l'impulsion, qui est l'élément dont il faut s'occuper dans la statique ou science de l'équilibre.

SECONDE PARTIE

MESURE DES FORCES ET DES IMPULSIONS

317. Nous avons jusqu'ici prouvé que les forces sont des grandeurs pouvant varier d'une manière continue et que, par conséquent, on doit pouvoir mesurer en prenant pour terme de comparaison une unité choisie arbitrairement. — Nous avons même choisi cette unité. C'est la force qui fait tomber un poids de 1 kilogramme.

318. Mais une pareille définition, toute théorique, ne

nous permettrait pas de mesurer la force, parce que nous ne pouvons, en pratique, opérer sur un corps qui est en train de tomber librement. Mais nous savons que si nous empêchons le poids de tomber, nous déployons, en vertu du principe d'égalité de l'action et de la réaction, une force égale et opposée à celle qui tend à le faire tomber.

319. C'est-à-dire que pour soutenir à l'état statique 1 kilog., il faut une force de 1 kilog., et dès-lors la balance nous donne un moyen pratique de mesurer les forces.

320. On ne peut pas, au contraire, mesurer directement l'impulsion. On ne peut l'évaluer qu'en partant de la formule :

$$I = m\,v,$$

et en mesurant d'une part v, et, d'autre part, m.

321. La mesure de m résulte de celle de la force et de celle de l'accélération, par la formule :

$$F = m\,\gamma.$$

L'accélération due à la pesanteur étant constante et égale à :

$$g = 9{,}8088,$$

on a pour un corps quelconque :

$$m = \frac{P}{g},$$

c'est-à-dire le quotient du poids par 9,8088.

CHAPITRE SECOND

CONDITIONS D'ÉQUILIBRE

PREMIÈRE SECTION

ÉQUILIBRE D'UN POINT

PREMIÈRE PARTIE

CE QU'ON ENTEND PAR CONDITIONS D'ÉQUILIBRE

322. On entend par conditions d'équilibre l'énumération des conditions nécessaires et suffisantes pour qu'une figure soit en équilibre sous l'influence d'un système de forces déterminé. — Le résultat de ces conditions peut être énoncé et a été énoncé par les auteurs sous bien des formes diverses.

323. Il est clair, en effet, qu'ayant à reconnaître si trois forces se font équilibre, on peut graphiquement construire la résultante de deux d'entre elles et voir si elle équilibre la troisième. — D'où conditions graphiques.

324. Le mode de représentation symbolique de Poncelet nous conduit à donner aux conditions d'équilibre de forces agissant sur un même point, la forme de l'équation :

$$\overline{R} = \overline{a} + \overline{b} + \overline{c} + \ldots\ldots$$

325. La méthode des projections de Descartes sur des

axes coordonnés, conduit, pour exprimer que des forces agissant sur un même point se font équilibre, aux trois relations :

$$\Sigma F_x = 0$$
$$\Sigma F_y = 0$$
$$\Sigma F_z = 0.$$

SECONDE PARTIE

CONDITIONS D'ÉQUILIBRE PROPREMENT DITES

326. Les différentes traductions des conditions d'équilibre d'un point, qui précèdent, rentrent dans le domaine, soit de l'algèbre, soit de toute autre science.

327. Nous ne devons ici nous occuper que des conditions d'équilibre mécaniques proprement dites ou naturelles, indépendamment de leur représentation figurée ou symbolique.

328. Nous pouvons donc dire :
Qu'un point est en équilibre, lorsque la résultante des forces qui y sont appliquées est nulle.

SECONDE SECTION

ÉQUILIBRE D'UN SYSTÈME

PREMIÈRE PARTIE

SYSTÈME LIBRE

329. Pour qu'un système soit en équilibre, il est clair qu'il faut que la résultante des forces qui agissent sur le système soit nulle, sans cela le centre de masse se

déplacerait sous l'influence de la résultante et il n'y aurait pas équilibre.

On retombe donc tout d'abord, pour l'équilibre d'un
système, sur la condition énoncée, il y a un instant,
pour l'équilibre d'un point.

330. Cette condition est nécessaire pour obtenir la
fixité du centre de masse ; — mais elle n'est pas suffisante,
car, lors même qu'elle serait remplie, le corps peut
tourner autour du centre de masse, et alors il n'est plus
en équilibre.

331. Pour que cette rotation ne se produise pas, il
faut, en outre, que le couple résultant soit nul. — Et
c'est là une seconde condition d'équilibre nécessaire
pour un système, condition qui n'a pas figuré dans les
conditions d'équilibre du point.

332. Ainsi, en résumé :
Les conditions d'équilibre d'un système sont :
Une résultante nulle,
Et un couple résultant nul.

SECONDE PARTIE

SYSTÈMES QUI NE SONT PAS LIBRES

333. L'intérêt de ce cas particulier tient à ce qu'en
pratique on a fort rarement à s'occuper des conditions
d'équilibre d'un système libre, mais fréquemment de
celles de divers organes de machines, tels que roues,
leviers, etc., organes qui ne peuvent prendre qu'un
nombre limité de mouvements tels qu'une rotation dans
l'un ou l'autre sens, etc.

Lorsqu'un système est assujetti à avoir un point fixe,
la seule condition d'équilibre est que la résultante soit

nulle, ou sinon qu'elle passe par le point fixe sur lequel elle donnera lieu à des pressions ou à des tensions.

334. Lorsqu'il y a un axe fixe, comme dans le cas du treuil, il peut y avoir équilibre, comme dans le cas général, lorsque la résultante et le couple résultant sont nuls; mais si la résultante n'est pas nulle, il y a encore équilibre lorsqu'elle rencontre l'axe fixe.

335. Et lorsque le couple résultant n'est pas nul, il y a encore équilibre, lorsque ce couple est perpendiculaire à l'axe fixe, car alors les deux forces qui composent le couple rencontrent toutes deux l'axe fixe.

FIN

NOTICE HISTORIQUE

NOTICE HISTORIQUE

ARCHIMÈDE (287-212 av. J.-C.)

Du levier. — On trouve dans Aristote de nombreux exemples de compositions de mouvements.

Mais la considération des forces n'apparaît, pour la première fois, qu'avec Archimède, qui peut être considéré comme le créateur de la statique. Dans son ouvrage intitulé : *De æquiponderantibus et de planorum æquilibriis,* il établit le principe de l'équilibre du levier et détermine les centres de gravité des figures planes (triangle, segment parabolique, etc.).

Son procédé de démonstration, qui fut reproduit et simplifié plus tard par Galilée, se réduit, en principe, à ceci :

Considérons un cylindre homogène A B, et admettons comme évident que ce cylindre est en équilibre, c'est-à-dire ne penchera ni d'un côté, ni de l'autre, si on le suspend par son milieu C.

Le fil de suspension Cc_1 sera tendu par le poids total du cylindre.

Les fils a et b, qui soutiendraient ce même cylindre par ses deux extrémités, seraient tendus chacun par la moitié de ce poids.

Concevons maintenant que ce même cylindre soit divisé en deux portions inégales A D et B D.

Nous pouvons soutenir le cylindre A D par deux cordons a_1 et d_1 tendus chacun
par la moitié du poids de
A D ou par un seul cordon
e en son milieu tendu par
le poids total A D.

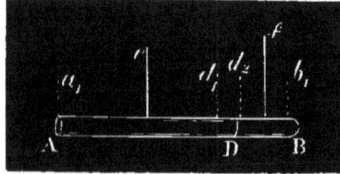

De même pour le cylin-
dre B D, qui est en équilibre soutenu par le cordon f.

On voit donc que la force c_1 peut remplacer les forces
e et f, et que $c_1 =$
$e + f$. D'ailleurs il
est facile de s'assu-
rer que l'on a $\dfrac{c_1\,e}{f\,c_1} =$
$\dfrac{DB}{DA}$, on trouve donc
ainsi la règle que
nous avons donnée
pour la composition
des forces parallèles, car si nous concevons un levier
$e_2\,f_2$ parallèle à A B et supposé privé de pesanteur,
comme fléau d'une balance sus-
pendu par le point fixe c_2, et sup-
portant par ses deux extrémités
e_2 et f_2 les cylindres A_1 et B_1, ce
levier sera en équilibre.

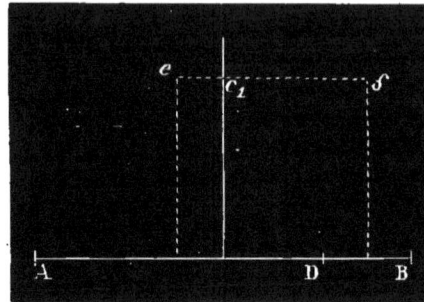

Cet équilibre n'est évidemment
pas modifié si, au lieu de suspendre les cylindres par leur milieu,
on les suspend aux points e_2 et f_2
par tout autre point.

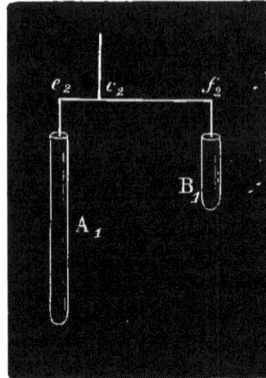

Telle est en substance, et avec
toutes les simplifications possibles,
la fameuse théorie du levier qu'on peut considérer
comme le premier pas fait par l'humanité dans l'étude de
la mécanique (*).

(*) Le même mode de démonstration se trouve dans la statique de
Poinsot.

Archimède pouvait donc, avec raison, être fier de sa découverte, et l'on conçoit dans sa bouche cette parole que lui attribue la tradition :

« Donnez-moi un levier, un point d'appui, et je soulèverai le monde. »

Centres de gravité. — Le principe de l'équilibre du levier conduisit Archimède à la notion du centre de gravité, dont la définition résultait de l'énoncé même que donnait ce savant de son principe. Voici cet énoncé :

Deux graves inégaux A et B suspendus par le point c dont la distance est réciproque des poids A et B, sont en équilibre.

Ce point c, auquel il faut suspendre un système de corps (deux ou un plus grand nombre) pour que ce système soit en équilibre, est ce que nous appelons le centre de gravité du système.

Si les deux corps sont égaux, le centre de gravité est également distant de chacun d'eux.

Archimède s'occupe ensuite de la recherche des centres de gravité des figures géométriques supposées homogènes.

Ligne droite. — Le centre de gravité d'une ligne droite homogène est évidemment en son milieu.

Contour triangulaire. — Cherchons le centre de gravité d'un contour triangulaire A B C.

Le centre de gravité de la ligne A B est en son milieu m; celui de la ligne A C est en son milieu n.

Le centre de gravité commun des lignes A B et A C se trouve donc sur la ligne mn en un point q tel que l'on ait :

$$\frac{mq}{nq} = \frac{AC}{AB},$$

Joignant le point p, milieu de B C, aux points m et

n, on a évidemment $AC = 2\,mp$ et $AB = 2\,np$, donc :

$$\frac{mq}{nq} = \frac{mp}{np},$$

ce qui signifie que pq est la bissectrice de l'angle mpn.

Or pq joint le centre de gravité q de la ligne brisée BAC au centre de gravité p de BC, c'est donc sur pq que se trouve le centre de gravité du périmètre ABC.

On prouverait de même que ce centre de gravité est sur les bissectrices des angles n et m du triangle mnp. Il est donc à l'intersection de ces trois bissectrices.

Surface d'un triangle. — En divisant le triangle par des parallèles à la base BC en une infinité de tranches très-minces mm', pp', etc., qu'on peut assimiler à des parallélogrammes, le centre de gravité de chaque tranche se trouve sur la droite qui passe par le point A et le milieu de BC, donc le centre de gravité du triangle se trouve sur cette droite, donc ce centre de gravité n'est autre que le point de concours des trois médianes.

Centre de gravité d'un trapèze. — Considérant le trapèze comme différence entre les triangles EDC et EAB, on voit que son centre de gravité doit se trouver sur la médiane commune EF.

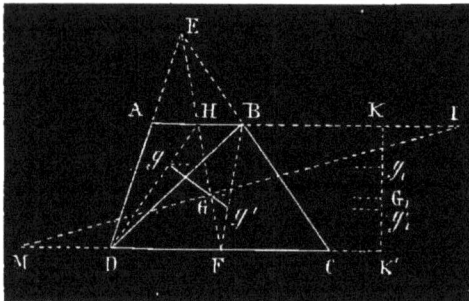

Soit G ce centre de gravité; la diagonale BD du trapèze le décompose en deux triangles dont les centres de gravité g, g' sont sur les médianes D H et B F des triangles A B D et B D C, et au $\frac{1}{3}$ de ces médianes à partir de la base. — Le point G doit aussi se trouver sur la ligne $g\,g'$.

De plus, on doit avoir :

(1) $$\frac{G\,g}{G\,g'} = \frac{\text{surf. B D C}}{\text{surf. A B D}} = \frac{D C}{A B} = \frac{a}{b}.$$

Si nous projetons les points g, g', G sur la hauteur K K$' = h$ du trapèze, nous aurons :

$$K\,g_1 = g_1\,g'_1 = g'_1\,K' = \frac{h}{3},$$

$$\frac{G_1\,g_1}{G_1\,g'_1} = \frac{a}{b} \ \lfloor \text{voir (1)} \rfloor$$

d'où : $\dfrac{G_1\,g_1}{G_1\,g'_1 + G_1\,g_1} = \dfrac{a}{a+b}$ et $\dfrac{G_1\,g_1}{G_1\,g'_1 + 2\,G_1\,g_1} = \dfrac{a}{b+2\,a}.$

ou bien : $$\frac{G_1\,g_1}{\frac{h}{3} + G_1\,g_1} = \frac{G_1\,g_1}{G_1\,K} = \frac{a}{b+2\,a},$$

donc : $$G_1\,g_1 = G\,K\,\frac{a}{b+2\,a};$$

on aurait de même : $G_1\,g'_1 = G\,K'\,\dfrac{b}{a+2\,b};$

Divisant membre à membre :

$$\frac{G_1\,g_1}{G_1\,g'_1} = \frac{a}{b} = \frac{G\,K}{G\,K'} \cdot \frac{a}{b} \cdot \frac{a+2\,b}{b+2\,a},$$

d'où : $$\frac{G\,K'}{K\,G} = \frac{a+2\,b}{b+2\,a} = \frac{b+\dfrac{a}{2}}{a+\dfrac{b}{2}}.$$

Ce qui prouve qu'en prolongeant A B d'une longueur
B I = D C, et C D d'une longueur D M = A B,

La droite M I contient le centre de gravité du trapèze.

Moufles. — Nous ne nous arrêterons pas ici à démontrer l'identité du centre de gravité considéré par Archimède avec le point que, dans notre ouvrage, nous avons désigné sous la dénomination plus générale de centre de masse.

Il nous suffira, pour achever l'énumération des découvertes mécaniques d'Archimède, de citer

L'hydrostatique dont on n'a pas encore à s'occuper ici, et

Les moufles dont nous allons dire quelques mots :

Une moufle se compose de poulies montées, comme l'indique la figure, sur deux chapes.

On voit que le poids P est supporté par six cordons. Chaque cordon n'est donc soumis qu'à une traction égale au $\frac{1}{6}$ du poids P. Ce qui veut dire qu'on peut élever ce poids en exerçant sur le cordon 7 un effort égal au $\frac{1}{6}$ seulement du poids P.

Depuis l'année 212 av. J.-C., où fut tué Archimède à la prise de Syracuse, jusqu'en 1583, la mécanique ne fit aucun progrès, et il est remarquable que, pendant cette longue période qui s'écoula depuis l'origine du monde jusqu'en 1583, il ne se soit trouvé qu'un seul homme pour étudier les effets des forces sur les corps, et que personne, pendant dix-sept siècles, n'ait eu l'idée de marcher à la suite d'Archimède.

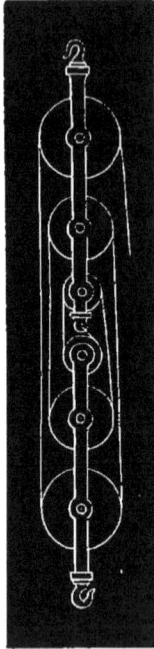

GALILÉE.

Archimède avait créé la statique.
Galilée créa la dynamique.

Galilée, né à Pise, en Toscane, en 1564, remarqua, dès l'âge de dix-neuf ans, la régularité des oscillations du pendule, et eut l'idée de l'utiliser dans l'examen du pouls des malades.

Il reprit les démonstrations faites par Archimède, et en tira des conséquences du plus haut intérêt que ce dernier ne semble pas avoir entrevues.

Apparition de la notion du travail. — Ainsi, à propos du levier :

« Il est aisé de conclure, dit-il, par tout ce discours,
« la grande force qu'apporte la *vitesse* du mouvement
« pour accroître la puissance du mobile, laquelle est
« d'autant plus grande que le mouvement est plus vite:
« . . . . *De sorte qu'on ne gaigne rien en*
« *force qu'on ne perde en chemin, ou qu'on ne gaigne*
« *rien en chemin qu'on ne perde en force* (*). »

Et, plus loin, il insiste davantage encore sur la même idée en expliquant que le levier, la moufle et en général toutes les machines, n'ont pas pour effet de créer des forces, mais seulement de modifier leur mode d'action.

Il explique qu'au lieu de soulever au moyen d'une machine un fardeau trop lourd, on pourrait le diviser en fragments assez petits pour être transportés séparément.

« Il faut donc conclure que la commodité de cette
« machine consiste *seulement* à attirer le fardeau tout à
« la fois sans le diviser, et qu'elle ne sert pas pour l'at-
« tirer plus aisément, ou plus vite, ou plus loin que la

(*) Les citations sont extraites de la traduction de l'ouvrage de Galilée, ingénieur du duc de Florence, par F.-M. Mersenne, minime (1634).

« même force le conduirait en le divisant en 10 por-
« tions. »

On voit donc que c'est Galilée qui, le premier, a posé
le grand principe de la conservation des travaux.

Apparition de la notion du moment. — Galilée s'occupa aussi de l'équilibre du treuil ou tour, et c'est dans

cette question qu'on
voit apparaître pour la
première fois la notion
de moment, et la com-
position de deux forces
concourantes.

Galilée déduit la théo-
rie de l'équilibre du tour
de celle du levier en faisant remarquer simple-
ment que :

« Le tour est un levier
« perpétuel continué..... de sorte que le levier se
« rend perpétuel par l'intermédiaire de la roue. »

Ainsi, le tour étant en équilibre, on peut, d'après Galilée, l'assimiler à un levier A O B.

Galilée fait remarquer d'ailleurs que, si la force $F' = F$
était appliquée en C tout en restant verticale, l'équilibre
serait rompu parce que son MOMENT ne serait pas si
grand.

Mais, ajoute-t-il, si la force $F'' = F$ appliquée en C
restait tangente au cercle O A C, l'équilibre subsisterait.

Composition des forces. — Cette théorie du treuil est
remarquable non-seulement en ce que, pour la première
fois on y parle du moment d'une force, mais en ce qu'elle
contient en germe la composition de deux forces non
parallèles.

On voit, en effet, que les deux forces P et F se faisant équilibre, leur résultante doit passer par le point
fixe O, et l'on a :

$$P \times OB = F \times OC.$$

Relation qui n'est autre chose qu'un cas particulier
du théorème des moments et qui donne la *direction* de la
résultante de deux forces con-
courantes.

Connaissant la direction de
la résultante, il était facile
de trouver sa grandeur par
cette considération que la
force R' égale et opposée
à la résultante R des forces P et F leur fait équilibre, d'où il résulte que P'
égale et opposée à P est la résultante de F et R'.

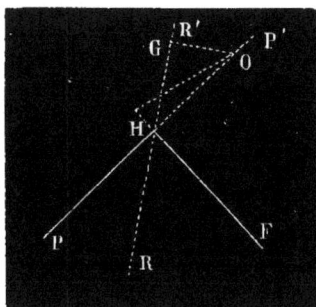

On a donc : $F \times OH = R' \times OG$.

Relation qui donne la valeur de R' et par suite celle
de R.

On voit donc que la théorie du treuil a dû naturellement conduire Galilée à la règle de la composition des
forces, règle qu'il n'a pas énoncée, il est vrai, sous la
forme simple et lumineuse du parallélogramme des forces, mais qu'il a connue et dont il a fait usage pour établir la théorie du plan incliné dont nous allons dire
quelques mots.

Après la théorie du treuil, Galilée aborde la théorie de
l'équilibre de la vis.

Pour cela il assimile un élément de la vis à un plan
incliné et est ramené ainsi à chercher quelle est la force
horizontale F nécessaire
pour maintenir le corps A
sur sur un plan d'inclinaison α.

P étant le poids du corps
A, poids qui sollicite ce
corps à descendre le long
du plan incliné,

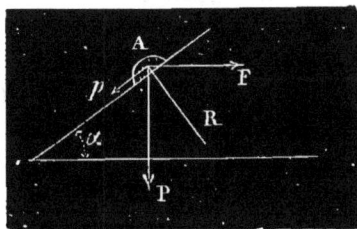

Il est clair que, pour que le corps A soit en équilibre
(abstraction faite des frottements), il faut que la résul-

tante R des forces P et F qui le sollicitent soit normale au plan incliné, ce qui donne la relation :

$$F = P \operatorname{tg} \alpha.$$

Galilée en conclut que α, étant l'inclinaison de l'hélice génératrice d'une vis, cette relation donne la condition d'équilibre de la vis, F étant une force tangente au noyau de la vis.

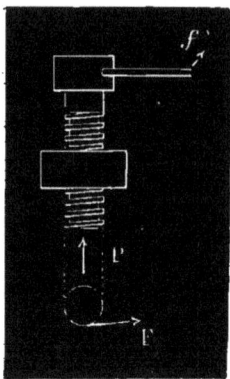

La force f qui agit à l'extrémité du levier de la vis est liée à F par la relation trouvée précédemment (équilibre du treuil).

On en conclut facilement, en éliminant F, une relation entre f et P.

Galilée ne manque pas d'ailleurs de faire remarquer que, dans la vis comme dans les machines précédentes, on perd en vitesse ce qu'on gagne en force et réciproquement.

On voit par ce qui précède que Galilée n'a pas laissé une seule question de statique à inventer à ses successeurs; il a achevé l'œuvre d'Archimède, aussi complétement que possible.

Première apparition de la dynamique. — Mais ses recherches ne se sont pas bornées aux questions de statique. Nous avons dit plus haut qu'il est aussi le premier qui ait abordé un problème de dynamique.

Ce problème est celui de la chute des corps.

Chute des corps. — Avant Galilée on croyait que tous les corps ne pesaient pas de la même manière; les expériences publiques qu'il fit en laissant tomber divers corps du haut de la tour de Pise établirent ce fait que tous les corps tombent également vite si on leur donne une forme convenable pour diminuer le plus possible la résistance de l'air.

Principes de la dynamique. — L'étude expérimentale qu'il fit de la chute des corps sur le plan incliné, le conduisit à énoncer le principe de l'indépendance des effets d'une force et du mouvement antérieur, ainsi que le principe d'inertie.

De ces deux principes résultait la théorie du mouvement uniformément accéléré d'un corps tombant verticalement.

Car si γ est la vitesse que la pesanteur a imprimée au corps au bout de la première seconde en vertu de ce principe, sa vitesse au bout de la deuxième seconde est $2\,\gamma$, au bout de la troisième $3\,\gamma$, et en général au bout du temps t on a :

$$v = \gamma\,t,$$

d'où l'on déduit, comme nous l'avons fait (voir *Cinématique*), la loi des espaces :

$$e = \gamma\,\frac{t^2}{2}.$$

Sur un plan incliné la force P qui sollicite le corps à tomber se décompose en deux : l'une R normale au plan qui n'accélère ni ne ralentit son mouvement, l'autre $p = \mathrm{P}\,\mathrm{tg}\,\alpha$,

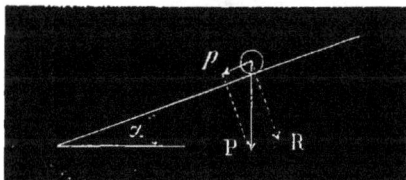

qui produit une accélération $\gamma\,\mathrm{tg}\,\alpha$.

On a donc la loi du mouvement exprimée par les formules :

(1)
$$v = \gamma\,\mathrm{tg}\,\alpha \times t$$
$$e = \gamma\,\mathrm{tg}\,\alpha \times \frac{t^2}{2}.$$

Ce qui, vérifié expérimentalement, conduisit Galilée à énoncer le principe de la *PROPORTIONNALITÉ des FORCES et des ACCÉLÉRATIONS.*

En éliminant t entre les deux dernières relations on trouve :

$$v^2 = 2\,\gamma\,(e\,\mathrm{tg}\,\alpha) = 2\,\gamma\,h,$$

d'où :

$$v = \sqrt{2\gamma h}.$$

Relation qui fait voir que la vitesse ne dépend que de la hauteur de chute et non de l'inclinaison du plan incliné.

Si l'on divise membre à membre les relations (1) on trouve :

$$t = \frac{2\,e}{v} = \frac{2\,e}{\sqrt{2\,g\,h}} = \sqrt{\frac{2\,e^2}{g\,h}}.$$

Mais si l'on considère un cercle o de rayon R, un diamètre vertical A B, on a : $\overline{AC^2} = AD.AB$, ou AC^2

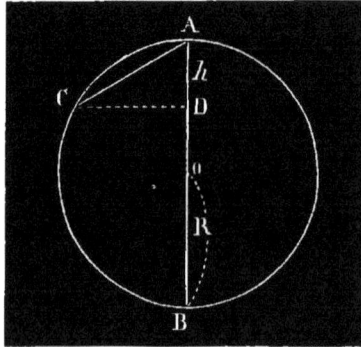

$= 2\,R\,h = e^2$, donc : $\dfrac{e^2}{h}$

$= 2\,R = \text{constante, donc}:$

$t = \text{constante.}$

Ainsi le temps employé à parcourir une corde A C est constant et égal à

$$t = \sqrt{\frac{4\,R}{g}}.$$

Enfin Galilée s'occupa de la détermination de la trajectoire d'un corps lancé dans l'espace, et s'appuya pour cette détermination sur le principe de :

L'*Indépendance des effets des forces et du mouvement acquis*.

Si nous considérons en effet un corps lancé avec la vitesse v,

Ce corps, si la pesanteur n'existait pas, suivrait, en vertu de l'inertie, d'un mouvement uniforme, la droite O v,

Et au bout de temps égaux aurait parcouru des espaces égaux 1, 2, 3.

La pesanteur qui a fait descendre ce corps pendant la première unité de temps de la quantité (1, 1') agissant en vertu du principe in- voqué comme si le corps était en repos, l'abaissera pendant la deuxième unité de temps de $(2,2') = 4$ $\times (1, 1')$, et pendant la troisième de 9 (1, 1'), en suivant la loi $e = \frac{\gamma}{2} t^2$, e représentant les abaissements successifs proportionnels au carré du temps.

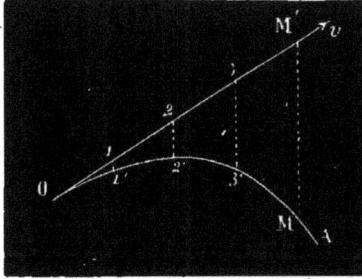

La trajectoire est donc une courbe OA telle que pour chaque point de la courbe la longueur M M', comptée sur une verticale, est telle que $\frac{\overline{M M'}^2}{\overline{O M'}} = $ constante, pro- priété qui caractérise la parabole.

Ainsi :

Abstraction faite de la résistance de l'air un corps lancé dans l'espace décrit une parabole.

Avant Galilée on croyait que la trajectoire d'un corps lancé se composait de deux lignes droites réunies par un arc de cercle.

Principe de l'égalité de l'action et de la réaction. — Galilée démontra aussi expérimentalement les lois du pendule sur lesquelles nous aurons à revenir bientôt.

On vient de voir que Galilée a énoncé la plupart des principes qui aujourd'hui encore nous servent de base à l'étude de la dynamique.

On peut ajouter à cela qu'il a même entrevu le prin- cipe de l'égalité de l'action et de la réaction qu'on a souvent, mais à tort, l'habitude d'attribuer à Newton, comme le prouve la citation suivante :

« ..... Je dis que cet effet vient de la même source « que les autres effets mécaniques, à savoir que la force, « la résistance et l'espace par lequel se font les mouve-

« ments ont une telle correspondance et proportion
« entre eux, que la *force répond seulement à une résis-*
« *tance qui lui est égale* et qu'elle la meut seulement par
« un espace égal ou d'une égale vitesse dont elle se
« meut elle-même. »

On ne saurait trop admirer ce grand génie qui, le premier après dix-sept siècles, sut ouvrir à la mécanique
moderne le chemin dont elle ne s'est plus écartée depuis.

Disons en passant que, quoique ses découvertes mécaniques seules suffisent à l'immortaliser, Galilée s'occupa aussi de poésie, de musique, de dessin. Il inventa
la balance hydrostatique, le thermomètre, construisit le
premier télescope et s'en servit à l'étude des montagnes
de la lune ignorées avant lui et dont il mesura les hau-
teurs par les ombres qu'elles projettent. Il expliqua le
phénomène de la lumière cendrée et des librations de la
lune, résolut les premières nébuleuses et découvrit les
satellites de Jupiter.

Bien que de son temps on ne sût pas encore prouver
la rotation de la terre, il pressentit ce fait, et tout le
monde sait que les nombreux envieux que lui suscitè-
rent ses belles découvertes en profitèrent pour faire
condamner par la cour de Rome sa doctrine du mouvement de la terre qu'on prétendait contraire aux révéla-
tions bibliques.

Il dut à la fin de ses jours rétracter publiquement
cette prétendue hérésie.

Il mourut à Arcetri en 1642, âgé de soixante-dix-huit
ans.

HUYGENS.

Il ne restait donc plus de grand principe à découvrir,
et Huygens n'eut qu'à développer et à compléter chacune des découvertes de Galilée.

Huygens, né à La Haye en 1629, s'occupa surtout de
compléter la théorie du pendule mise à l'ordre du jour,

comme on l'a vu par Galilée, et d'appliquer cette théorie à la mesure du temps, mesure dont les observations astronomiques faisaient sentir un besoin urgent et qui eut une immense influence sur les progrès de la mécanique céleste.

Pendule cycloïdal. — C'est lui qui découvrit les propriétés remarquables du pendule cycloïdal dont nous allons dire quelques mots ici ; mais auparavant il est nécessaire d'entrer dans quelques détails sur les propriétés géométriques de la cycloïde et de faire une petite digression sur les développées.

Des développées. — Prenons sur une courbe S des points a, b, c, d. Les normales en ces points à la courbe S déterminent par leurs intersections successives le polygone $o_1 \, o_2 \, o_3 \, o_4$.

Si les points a, b, c..... sont très-rapprochés les uns des autres, la courbe formée par la suite des arcs de cercles décrits des points o_1, o_2, o_3..... comme centre avec les rayons respectifs $o_1 \, a$, $o_2 \, b$..... différera très-peu de la courbe S, et cette différence devient nulle lorsque les points a, b..... se rapprochent de plus en plus jusqu'à se toucher.

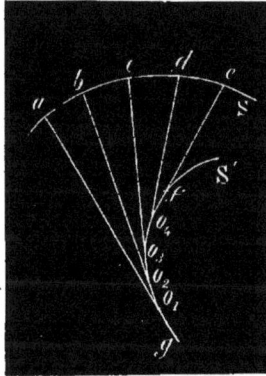

Alors le polygone $o_1 \, o_2 \, o_3$..... finit par tendre vers une courbe S', et chacun des côtés tels que $o_1 \, o_2$, $o_2 \, o_3$..... de ce polygone devient une tangente à la courbe S' qui est dite la développée de S.

Or on voit que $a \, o_1 - o_4 \, d = o_1 \, o_2 + o_2 \, o_3 + o_3 \, o_4$, donc à la limite :

L'arc fg de la développée est égal à la différence $R - r$ des longueurs des tangentes en f et g à la développée, ce qui veut dire aussi que la normale ag dont un point FIXE a décrit la courbe S, *roule sans glisser* sur la courbe S'.

De la cycloïde. — Lorsqu'une circonférence roule sans glisser sur une droite B B', un point de cette circonférence décrit la courbe qu'on appelle *cycloïde*.

R étant le rayon de la circonférence, la base B B' de la cycloïde est égale à $2\pi R$.

La hauteur A C (A étant le milieu de B B') est $= 2 R$.

Soit O D une des positions de la circonférence, M le point qui décrit la cycloïde

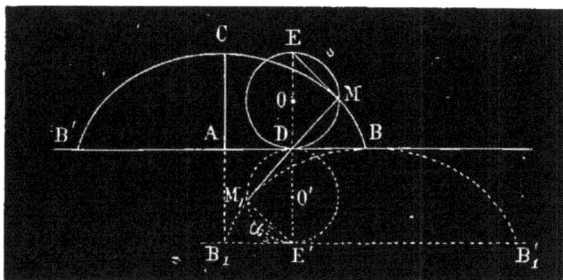

D est le centre instantané de rotation, donc M D est la normale au point M, donc E M est la tangente.

Si l'on considère la circonférence O' D E' on voit que M D coupe cette circonférence en M_1, donc la normale M D M_1 à la cycloïde B C B' touche en M_1 une cycloïde B_1 B B_1' égale à la première, et qui est sa développée.

Ce qui précède permet de calculer la longueur d'un arc de cycloïde, car on a évidemment (voir plus haut) :

$$\text{Arc B } M_1 = M M_1 = 2 D M = 4 R \cos\alpha.$$

On voit que la longueur de l'arc B M_1 B_1 est égale à B_1 C $= 4 R$.

On peut aussi donner à cette expression la forme :

$$\text{arc B } M_1 = 2 D M = 2\sqrt{2 R . H} = \sqrt{8 R H}$$

en désignant par H la distance du point M_1 à la droite BB', d'où arc $\overline{MB_1}^2 = 8\,R\,H$ et :

$$H = \frac{\text{arc } \overline{BM_1}^2}{8\,R}.$$

Pendule cycloïdal. — Comme on a :

$$\text{arc } \overline{MC}^2 = 8\,R\,H \text{ et arc } \overline{M'C}^2 = 8\,R\,H'$$

on aura aussi :

$$\text{arc } \overline{S'}^2 = 8\,R\,(H - H') = 8\,R\,h.$$

Or si un point pesant partant du point M suit la cycloïde, sa vitesse au moment où il viendra en M' sera :

$$v = \sqrt{2\,g\,h},$$

d'où :

$$v^2 = 2\,g\,h,$$

ou

$$v^2 = 2\,g\,\frac{S^2 - S'^2}{8\,R}$$

$$v^2 = g\,\frac{S^2 - S'^2}{4\,R}.$$

Considérons maintenant une ligne droite $C_1\,M_1'\,M_1$ d'une longueur égale à $C\,M'\,M$, ou en d'autres termes développons l'arc de cycloïde C M sur une ligne droite.

Considérons un point mobile de M_1 en C_1 sur la droite $C_1\,M_1$

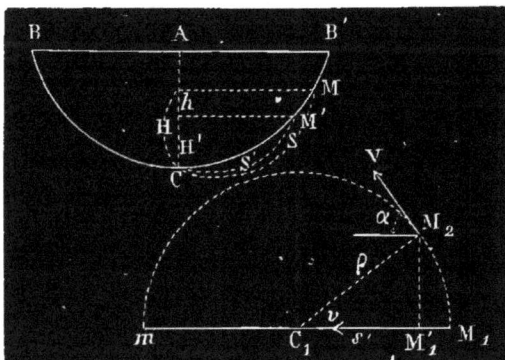

de manière que sa vitesse soit à chaque instant égale à celle du point M' sur la cycloïde.

Soit $\quad v = \sqrt{g\dfrac{S'^2}{4R}}$ la vitesse de ce point en M'_1.

Nous pouvons considérer le mouvement de M'_1 comme projection du mouvement d'un point M_2 et soit V la vitesse du point M_2.

Nous aurons : $\qquad v = V\cos\alpha,$

ou : $\qquad\qquad V = \dfrac{v}{\cos\alpha},$

ou : $\qquad\qquad V^2 = \dfrac{v^2}{\cos^2\alpha},$

α étant l'angle que fait V avec $o\,M_1$ on aura :

$$\cos\alpha = \frac{S'}{C_1\,M_2} = \frac{S'}{\rho}$$

et $\qquad\qquad \sin^2\alpha = \dfrac{S'^2}{\rho^2},$

on a donc : $\qquad V^2 = g\dfrac{S^2 - S'^2}{4\,R}\dfrac{1}{\cos^2\alpha}.$

Cherchons quelle doit être la trajectoire du point M_2 pour que V soit constant,

et posons : $\qquad\qquad V^2 = \text{constante},$

ou bien $\quad V^2 = g\dfrac{S^2 - S'^2}{4\,R}\dfrac{1}{\cos^2\alpha} = \text{constante},$

ou bien comme :

$$\cos^2\alpha = 1 - \sin^2\alpha = 1 - \frac{S'^2}{\rho^2} = \frac{\rho^2 - S'^2}{\rho^2},$$

$$V^2 = g\frac{S^2 - S'^2}{4\,R^2}\frac{\rho^2}{\rho^2 - S'^2} = \text{constante},$$

ou bien : $\quad V^2 = \dfrac{g}{4\,R^2}\rho^2\dfrac{S^2 - S'^2}{\rho^2 - S'^2} = \text{constante}.$

Condition qui est remplie pour $\rho = S = $ constante, alors :

$$V^2 = \frac{g}{4}\frac{S^2}{R} = \text{constante.}$$

Le point M_2 se meut sur une circonférence ayant C_1 pour centre, et $C_1 M_1 = S$ pour rayon, son mouvement étant uniforme, il parcourt $\frac{1}{2}$ la circonférence $M_1 M_2 m$ dans dans le temps :

$$T = \frac{\pi S}{V} = \pi \cancel{S} \sqrt{\frac{4R}{g\cancel{S^2}}},$$

Le temps de parcours de la $\frac{1}{2}$ circonférence est donc

$$T = \pi \sqrt{\frac{4R}{g}}.$$

On voit par là que l'arc S ayant disparu de la formule, le temps d'une oscillation est indépendant du point de départ du mobile, ce qu'on exprime en disant que la cycloïde est *tautochrone*.

Voici maintenant comment Huygens a été amené à s'occuper de la chute d'un point le long d'une cycloïde.

Considérons un pendule O A qui oscille autour du point O.

L'amplitude des oscillations est rarement constante, l'expérience le prouve, et cela tient aux frottements et à la résistance de l'air.

Huygens, craignant que l'inégalité de cette amplitude n'influât d'une manière fâcheuse sur les horloges à pendule qu'il venait d'inventer, se proposa de chercher un moyen de rendre le temps d'une oscillation indépendant de son amplitude.

Il résultait de la propriété qu'il démontra de la cycloïde d'être tautochrone, que pour obtenir ce résultat il fallait que le point A au lieu de décrire un arc de cercle décrivît une cycloïde, résultat qui s'obtient comme on vient de le prouver en forçant le fil de suspension O A à s'enrouler sur deux arcs de cycloïde fixés en O.

Pendule ordinaire. — Mais on voit facilement que si l'on se contente d'amplitudes très-petites B B', la cycloïde différera fort peu d'un arc de cercle, de sorte qu'on peut appliquer aux petits arcs de cercle la formule trouvée pour la cycloïde (en remplaçant $4\,R$ par l, longueur du pendule) et l'on a alors pour le temps d'une oscillation :

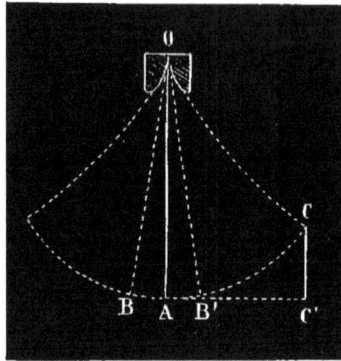

$$T = \pi \sqrt{\frac{l}{g}},$$

Formule qui met en évidence les lois trouvées expérimentalement par Galilée :

1° Que T est proportionnel à $\sqrt{l}$;

2° Que T est inversement proportionnel à $\dfrac{1}{\sqrt{g}}$.

Huygens remarqua aussi que, si le pendule au lieu de tomber de C en A sur la cycloïde tombait verticalement de la même hauteur C C', suivant la loi $e = \dfrac{g}{2}\,t^2$, le temps de la chute serait : $t = \sqrt{\dfrac{2\,e}{g}} = \sqrt{\dfrac{4\,R}{g}}.$

Ainsi :

Le rapport entre le temps que met un corps à tomber suivant une cycloïde, au temps qu'il mettrait à tomber verticalement de la même hauteur, est égal à π.

Si le corps partait de M il arriverait en H sur la verticale $MH = h$ au bout du temps $t = \sqrt{\dfrac{2\,h}{g}}$, et en A sur la cycloïde au bout du temps $T = \pi\sqrt{\dfrac{4\,R}{g}}$.

On a donc :

$$\frac{T}{t} = \frac{\pi\sqrt{4\,R}}{\sqrt{2\,h}} = \pi\sqrt{\frac{2\,R}{h}} = \pi\sqrt{\frac{2\,R\,h}{h^2}} = \pi\,\frac{\sqrt{2\,R\,h}}{h}.$$

$$\frac{T}{t} = \pi\,\frac{\sqrt{8\,R\,h}}{2\,h} = \pi\,\frac{S}{2\,h}.$$

Ainsi :
$$\frac{T}{t} = \pi\,\frac{S}{2\,h},$$

mais $S = 4\,R\cos\alpha$ et $h = 2\,R\cos^2\alpha$, donc $2\,h = 4\,R\cos^2\alpha$ d'où $\dfrac{S}{2\,h} = \dfrac{1}{\cos\alpha}$ donc $\dfrac{T}{t} = \dfrac{\pi}{\cos\alpha}$ ou $\dfrac{T}{\pi} = \dfrac{t}{\cos\alpha}$, α étant l'angle que fait avec la verticale la tangente en M à la cycloïde.

Moments d'inertie. — Huygens appliqua le pendule comme régulateur des horloges. Il résolut, le premier, le problème des centres d'oscillation qui a pour but de trouver la longueur de pendule simple isochrone d'un pendule composé donné.

Ces recherches conduisirent à la découverte de la notion des *moments d'inertie,* qui constituent la base fondamentale de l'étude des mouvements autres que les translations.

Choc des corps. — Huygens s'occupa aussi des percussions et du choc des corps qui, comme nous l'avons vu, met en évidence une perte de force vive résultant d'une transformation de travail extérieur en travail intérieur ou moléculaire. — Mais il n'est pas prouvé qu'il ait entrevu cette conséquence si féconde qui résultait de cette théorie.

Il préférait la méthode géométrique qui agit sur les choses mêmes et non sur les signes qui les représentent et a l'avantage de satisfaire plus pleinement l'esprit, quoiqu'il eût connaissance de la méthode analytique que Newton venait d'inventer.

Huygens mourut en 1695.

Comment la mécanique a cessé d'être une science expérimentale. — On a pu voir, par ce qui précède, que la mécanique a passé par l'état de science expérimentale avant de devenir science rationnelle.

La plupart de ses découvertes théoriques sont la conséquence d'observations, comme en témoignent les expériences de Galilée sur la chute des corps, le pendule, etc.

Bien qu'en apparence ces questions ne semblent être que des applications de phénomènes particuliers, il est bon de se pénétrer de l'immense influence qu'a eue leur découverte sur la théorie générale.

Ainsi, les expériences de Galilée ont eu une portée bien plus grande que l'étude particulière des lois contingentes de la pesanteur.

Elles ont permis à leur auteur de poser les grands principes qui ont servi de base à l'étude de la mécanique.

Principe d'inertie, etc.

C'est ce qui explique pourquoi ces phénomènes trouvent leur place dans une étude de la mécanique générale, quoique au premier abord elles puissent sembler n'être que de simples applications de la théorie.

Il en est de même de la théorie du levier d'Archimède qui, une fois la composition des forces établie comme nous l'avons fait dans la première partie de cet ouvrage, n'apparaît que comme une application, comme un problème à poser à des élèves.

L'importance capitale de cette théorie du levier apparaît dans tout son éclat si l'on songe que son principe suffit à la démonstration de toute la statique, et que pendant dix-sept siècles on n'en a pas connu d'autre.

Il est hors de doute, d'ailleurs, que c'est l'expérience

qui a dû mettre Archimède sur la voie de cette découverte.

Mais, entre tous, le fait qui le mieux fait ressortir l'influence des observations contingentes sur les théories abstraites de la mécanique rationnelle, fait qui mit en évidence la parenté étroite de la mécanique rationnelle et de l'astronomie, fut la découverte de Newton basée sur les observations laborieuses de Keppler.

KEPPLER.

Keppler, né le 27 décembre 1571, à Magstatt (Wurtemberg), fut, à vingt-deux ans, professeur de mathématiques à Graetz (Styrie).

Il mena une existence assez misérable. Persécuté pour ses idées religieuses, au service de l'archiduc Rodolphe, qui ne le payait que très-irrégulièrement, il était d'une indigence extrême. Astrologue en même temps qu'astronome, il était réduit à tirer des horoscopes pour vivre. Il croyait, d'ailleurs, fermement à l'astrologie, et la plupart de ses découvertes sont dues à des convictions superstitieuses qui le poussaient à observer les astres autant en astrologue qu'en savant. Il fut adjoint à Prague à Tycho-Brahé, dont le caractère impérieux dut lui peser beaucoup; mais en revanche il eut, à la mort de Tycho en 1601, à sa disposition toutes les observations qu'avait faites ce dernier pendant vingt ans, observations qui lui rendirent de grands services.

Convaincu que le mouvement des planètes devait s'effectuer suivant une loi régulière, il passa vingt ans à tâtonner à la recherche de cette loi, faisant les hypothèses les plus bizarres que l'observation venait ensuite réduire à néant.

Enfin, vers la fin de son existence, il finit par découvrir les lois du mouvement de la planète Mars qui, généralisées, constituent les fameuses lois de Keppler, dont la connaissance eut une si grande influence sur les progrès de l'astronomie et de la mécanique.

Il avait cherché ces lois pendant vingt ans, observant, calculant, tâtonnant, rêvant avec une patience toute germanique.

Voici quelles sont les lois de Keppler :

I. Les planètes décrivent autour du soleil des ellipses dont le soleil occupe un foyer.

II. Les vitesses aréolaires sont constantes.

III. Les carrés des temps d'une révolution complète sont proportionnels aux cubes des grands axes des orbites.

NEWTON.

On a vu dans la première partie de cet ouvrage (Théorème des aires [100]) qu'il résulte de la deuxième loi que la résultante des forces qui agissent sur la planète est dirigée vers le soleil, ce qui peut s'exprimer en disant que le soleil attire la planète.

Cette attraction avait été entrevue par Keppler lui-même et bien d'autres savants.

Conséquence de la loi des aires. — Newton ne fit qu'en DÉMONTRER l'existence en démontrant le théorème des aires.

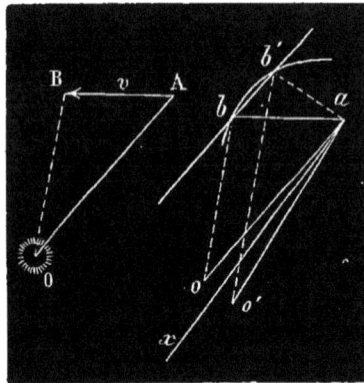

Soit, en effet, O le centre du soleil, A la planète dont la vitesse est $v =$ AB. Sa vitesse aréolaire est représentée par la surface du triangle A O B.

Menons ab parallèle à A B et $= v$. Le lieu de b est la courbe $b\,b'$; menons ao égal et parallèle à A O, de même ao'. On a surface $ao'b' =$ surface aob, donc $b\,b'$ est parallèle à une droite ax comprise entre o et o', donc la tangente en b à $b\,b'$ est parallèle à ao, ce qui veut dire que l'accélération, et par suite la force, est parallèle à $a\,o$. Donc la force qui agit sur la planète est dirigée suivant A O.

Ainsi, de la loi des aires il résulte que le soleil attire les planètes; mais la loi des aires subsisterait quelle que soit la loi de cette attraction, loi dont nous ne savons rien pour le moment.

C'est des deux autres lois de Keppler qu'il faut partir pour trouver de quelle façon s'effectue cette attraction. En d'autres termes, on connaît la direction de la force attractive, mais on ne sait encore rien sur sa grandeur.

Lois de Newton. — Mais comme les masses en présence ne changent pas et que, en vertu de la relation $F = m\,\gamma$, les forces sont proportionnelles aux accélérations, on est ramené à ce problème de cinématique :

Trouver la loi des variations, grandeurs des accélérations d'un point mobile M qui décrit une ellipse, sachant que ces accélérations sont toutes dirigées vers un foyer F de la courbe.

ω étant la vitesse angulaire du rayon $FM = \rho$, et α l'angle de FM avec la tangente $MB = v$, on a :

$$v \sin \varphi = \overline{Mh} = \omega\,r,$$

d'où :

$$v = \omega\,\frac{r}{\sin \varphi},$$

p étant la perpendiculaire abaissée de F sur M B, et p celle abaissée de F', on a :

$pp' = b^2 = \text{const. et (aires)}\,p\,v = \text{const., donc}\ \dfrac{v}{p'} = \text{const.}$

et l'on peut, par un choix convenable d'unités, avoir $p' = v$, donc :

$$(1) \qquad p' = \omega\,\frac{r}{\sin \alpha}.$$

F'H étant proportionnel à v, et perpendiculaire à v, il en résulte que l'accélération γ sera égale et perpendiculaire à la vitesse du point H qui, comme on sait, décrit un cercle de rayon $FH = a$ autour du point F. Cette vitesse sera égale à

$$(2) \qquad \gamma = a\,\omega.$$

Les relations (1) et (2) donnent, en éliminant ω :

$$\gamma = a\frac{p'}{r}\sin\alpha = a\frac{p'}{r}\frac{r}{r}\sin\alpha.$$

Or on a aussi : $\qquad r\sin\alpha = p,$

(1) Donc : $\gamma = a\dfrac{pp'}{r^2} = \dfrac{ab^2}{r^2}$ (car on a $pp' = b^2$).

On voit donc que :

L'accélération γ est proportionnelle à $\dfrac{1}{r^2}$, donc :

La force attractive est en raison inverse du carré de la distance.

Telle est l'interprétation géométrique de la première loi de Keppler.

Cherchons maintenant à interpréter la troisième loi de Keppler.

On a vu que $\gamma = \dfrac{ab^2}{r^2}.$

On a aussi : $w\,T = p\,p'\,T = b^2\,T = \pi\,a\,b,$

donc : $\qquad bT = \pi a,$

donc : $\qquad b^2 = \dfrac{\pi^2 a^2}{T^2},$

donc :

$$(1) \qquad \gamma = \frac{a}{r^2}\frac{\pi^2 a^2}{T^2} = \frac{\pi}{r^2}\left(\frac{a^3}{T^2}\right).$$

Or $\dfrac{a^3}{T^2} = K = $ const., troisième loi de Keppler, quelle que soit la planète considérée.

Donc γ varie en raison inverse de r^2, non-seulement pour une même planète dans son mouvement, mais pour toutes les planètes.

Telle est la conséquence de la troisième loi de Keppler, conséquence qu'on peut énoncer en disant :

Qu'une masse égale est attirée de même à la même distance, quelle que soit la planète dont elle fait partie.

Multipliant par m les deux membres de l'équation (1), on aura :

$$m\gamma = f = \frac{m}{r^2}(\pi K) \quad (\pi K = \text{constante}).$$

Ce qui veut dire que :

La force attractive est proportionnelle à la masse de la planète.

Vérification des lois de Newton. — C'est Newton qui tira, pour la première fois, ces conséquences des lois de Keppler.

On a vu que, quoique aucune hypothèse n'ait été faite sur la nature intime de la force que Newton a appelée attraction, il ressort de la troisième loi de Keppler que cette force se manifeste de la même façon pour toutes les planètes, quelle que soit leur distance.

Newton soupçonna que cette force était identique à la pesanteur qui ne serait qu'un cas particulier de l'attraction des corps par la terre; et voici comment il confirma cette hypothèse en opérant sur l'orbite de la lune supposée circulaire, ce qui s'écarte très-peu de la vérité, les foyers de cet orbite étant très-rapprochés.

L'accélération $\gamma = \frac{v^2}{R}$ dans le mouvement circulaire uniforme ;

or $\quad v = \frac{S}{T} = \frac{2\pi R}{T}$ et $v^2 = \frac{4\pi^2 R^2}{T^2}$,

donc : $\quad \gamma = \frac{4\pi^2 R}{T^2}$,

mais T, temps d'une révolution lunaire, est égal à $(39\,343 \times 60)$ secondes, et R, distance de la lune, à 60 rayons terrestres $= 60\,r$;

donc : $\qquad \gamma = \dfrac{4\,\pi^2\,r \times 60}{39\,343 \times 60^2} = \pi\,\dfrac{2\,\pi\,r}{(39\,343)^2 \times 30}$,

mais $2\,\pi\,r =$ circonférence du méridien terrestre $= 40\,000\,000$,

donc : $\qquad\qquad \gamma = \dfrac{4\,000\,000}{(39\,343)^2 \times 3}\,\pi.$

Si γ est l'accélération que produit l'attraction terrestre à la distance R, cette attraction à la distance r du centre de la terre (c'est-à-dire à la surface de la terre) devra être, si l'hypothèse de Newton est exacte, g, et l'on doit avoir : $\gamma = g\,\dfrac{r^2}{R^2} = \dfrac{g}{(60)^2}.$

Il suffit donc de vérifier l'exactitude de l'équation :

$$\frac{g}{(60)^2} = \frac{4\,000\,000}{3 \times (39\,343)^2}\,\pi,$$

d'où : $\qquad\qquad g = \dfrac{4\,000\,000 \times 1200}{(39\,343)^2}\,\pi,$

et, en effectuant les calculs,

$$g = 9{,}7.$$

Mais, d'autre part, en faisant osciller un pendule de longueur connue l et en mesurant le temps d'une oscillation, la formule :

$$T = \pi\,\sqrt{\frac{l}{g}}$$

donne : $\qquad\qquad g = \pi^2\,\dfrac{l}{T^2}$

et l'expérience faite donna :

$$g = 9{,}80.$$

L'accord entre ces deux valeurs de g était, on le voit, assez parfait pour permettre à Newton d'en conclure l'*identité* de la pesanteur terrestre avec la force attractive planétaire.

Newton fut très-longtemps avant de pouvoir constater cet accord, parce qu'il se servait dans ses calculs d'une longueur de méridien inexacte. C'est la mesure plus exacte du méridien par Picard qui, lui parvenant, le confirma dans ses suppositions. C'est en 1666 qu'il avait émis son hypothèse, et en 1682 qu'il put la vérifier.

Nous avons vu plus haut que la force qui s'exerce entre une planète et le soleil est :

$$f = \frac{m}{r^2} K,$$

K étant une constante ; m la masse de la planète.

En vertu du principe d'égalité d'action et de réaction, si la planète est attirée par le soleil, elle attire à son tour ce dernier.

Et en SUPPOSANT que cette nouvelle attraction soit soumise aux mêmes lois que la précédente, f devra être proportionnel à la masse M du soleil, c'est-à-dire que la force attractive augmenterait si la masse du soleil venait à augmenter.

L'expression de f doit donc contenir le facteur M ; on a donc K $=$ M A, A étant une constante. Alors :

$$f = \frac{M\,m\,A.}{r^2}$$

Cherchons la signification de la constante A. Supposons M $= m = 1$ et $r = 1$, alors $f = A$.

Donc A est la force d'attraction qui s'exercerait entre deux masses égales à l'unité de masse et à une distance égale à l'unité de longueur.

C'est cette conclusion qui conduisit Newton à énoncer son principe général de l'attraction universelle que Cavendish vérifia plus tard, en constatant que deux boules métalliques s'attirent effectivement.

Newton mourut en 1727 à l'âge de quatre-vingt cinq ans. Il avait fait faire à la mécanique céleste un pas considérable.

Nous sortirions de notre sujet si nous insistions ici sur ses travaux relatifs à la physique, la décomposition de la lumière, etc.

Mais nous ne saurions nous empêcher de signaler l'invention du calcul infinitésimal dont, d'ailleurs, Leibnitz lui dispute la priorité.

L'influence de cette nouvelle méthode sur la mécanique fut immense.

Le calcul infinitésimal devint presque exclusivement l'objet des travaux des plus illustres savants, par son caractère de généralité si séduisant, par la facilité avec laquelle il s'appliquait tant à la géométrie qu'à la mécanique.

C'est le calcul infinitésimal qui, depuis cette époque, servit en quelque sorte de véhicule à la plupart des nouvelles vérités, tant de mécanique que de géométrie, qui firent leur apparition.

Son influence fut si vivace, qu'aujourd'hui encore tous nos traités de mécanique rationnelle n'emploient pas d'autres méthodes de démonstration.

La géométrie, un instant écrasée sous le joug de l'exclusivisme de l'analyse, ne tarda pas, contrairement aux prévisions de Descartes, à se relever avec son caractère propre. La géométrie moderne des Pascal, Carnot, Poncelet, Chasles, s'éleva bientôt au même niveau que la géométrie analytique de Descartes.

La mécanique devait passer par les mêmes péripéties.

Sa personnalité, si j'ose m'exprimer ainsi, disparut sous le symbolisme algébrique; on peut même ajouter que cette disparition s'opéra d'autant plus naturellement, que les mots d'accélération, de vitesse, d'espace, devaient naturellement finir par devenir, dans l'esprit des savants, synonymes des mots de dérivées, d'intégrales auxquels, selon toutes probabilités, ils auront donné naissance, et dont, au début, ils ne devaient être que les symboles.

La mécanique, débarrassée de ce symbolisme, avait pourtant déjà acquis, dès cette époque, de justes titres d'estime.

Elle avait fourni à Roberval sa méthode pour mener des tangentes aux courbes.

Entre les mains de Galilée, d'Huygens et même de Newton, elle avait déjà abordé les problèmes compliqués de dynamique, celui de la chute des graves, celui du pendule et celui du mouvement planétaire.

Mais dans ces problèmes il n'est question que du mouvement de corps qu'on peut assimiler à des points matériels.

Le premier problème de mécanique traitant du mouvement d'un corps est celui du pendule composé qu'avait résolu Huygens.

La théorie générale du mouvement des *corps* n'était pas faite encore, mais les géomètres du siècle dernier avaient exercé leur sagacité à résoudre un grand nombre de problèmes particuliers sur ce sujet.

Ils y arrivaient en faisant usage surtout du principe des forces vives dû à Huygens, principe qu'on peut établir, on l'a vu, avant d'aborder l'étude de la dynamique, et qui, comme le prouve le passage de Galilée cité plus ʰhaut, a dû être entrevu par Galilée lui-même, qui déjà avait dit que ce qu'on gagne en force on le perd en vitesse.

D'ALEMBERT.

C'est D'Alembert qui, en 1743, donna le premier une méthode générale pour résoudre les problèmes relatifs au mouvement des systèmes, en affirmant ce principe que, pour étudier ce mouvement, il ne fallait pas seulement tenir compte des forces agissant actuellement sur ces systèmes, mais de la force d'inertie acquise par les impulsions antérieures.

Le théorème de D'Alembert permettait de ramener tout problème de dynamique à une question d'équilibre entre les forces d'inertie et les forces agissantes, tant intérieures qu'extérieures.

Mais il ne donnait connaisance d'aucune de ces propriétés du mouvement des systèmes qui parlent à l'imagination, tels que le mouvement autour du centre de gravité, etc., que pourtant il contenait en germe et que des opérations algébriques peuvent en extraire.

POINSOT.

C'est à Poinsot que revient l'honneur d'avoir, fidèle à la méthode des anciens, fait jaillir directement du principe d'inertie les principes si lumineux de la conservation des quantités de mouvement et de leurs moments, et par suite aussi le rôle prépondérant du centre de masse dans le mouvement des systèmes.

C'est lui qui donna du mouvement d'un corps sous l'influence d'impulsions antérieures cette image si claire d'un ellipsoïde roulant sur un plan.

Quoi de plus propre qu'une pareille image pour donner à tous une idée nette de la nature de ce mouvement!

Quoi de plus propre à dissimuler la nature d'un mouvement que le symbolisme exclusivement algébrique!

Si l'analyse l'emporte souvent sur la géométrie par l'universalité de ses méthodes comme moyen de recherche, la géométrie, par contre, semble préférable comme méthode d'exposition et d'enseignement, en ce qu'elle met à nu les raisons d'être des choses, et nous permet de suivre leurs rapports les plus intimes dans toutes leurs phases, et non pas seulement dans leur résultat final. La mécanique rationnelle, nous venons de le voir, est liée d'une parenté étroite à la mécanique céleste avec laquelle on peut presque la confondre.

Tous les principes fondamentaux de cette science étaient trouvés, et elle semblait n'avoir d'autres limites que celles du calcul ou de la géométrie.

Mécanique moléculaire. — Le siècle actuel vit la mécanique entrer dans une nouvelle voie.

Abandonnant les espaces planétaires où il ne restait qu'à glaner sur les traces des grands hommes des siècles précédents, on vit les savants passer de l'infiniment grand à l'infiniment petit.

C'est la mécanique moléculaire qui est aujourd'hui l'objet de toutes les recherches.

CARNOT.

Carnot, le créateur de la théorie mécanique de la chaleur, avait su trouver l'interprétation de la perte apparente de force vive résultant du choc.

Mais on ne tarda pas, malgré le succès des recherches purement théoriques de Carnot, à reconnaître que, comme la mécanique céleste, la mécanique terrestre devait passer tout d'abord par l'état de science expérimentale.

Mécanique appliquée. — C'est ainsi que Navier, Coriolis, Poncelet, Morin, furent amenés à créer cette science de transition qu'on a appelée la *mécanique appliquée*.

C'était la représentation graphique du résultat de ses observations qui avait mis Keppler sur la trace de ses lois, et qui permit à Newton de créer la mécanique céleste.

PONCELET.

C'est aussi la représentation graphique des phénomènes de la mécanique appliquée qui fit surtout l'objet des recherches de Poncelet.

On admire les brillants résultats qu'il obtint, par l'application de cette méthode, à de nombreuses questions, parmi lesquelles nous citerons celle de la poussée des terres sur les murs de soutènement et de la poussée des voûtes.

On sait que cette méthode graphique est aujourd'hui d'un usage universel, et que c'est son emploi qui permet aux artilleurs de résoudre les problèmes si complexes auxquels donnent lieu les constructions des tables de tir, aux ingénieurs de résoudre les questions relatives à la résistance des ponts, des fermes, etc.

Mais il ne faut pas se dissimuler que, malgré les travaux de Poncelet, la mécanique moléculaire, née d'hier, est encore dans l'enfance, que longtemps encore, sans doute, elle restera plus rapprochée de l'état de science expérimentale que de celui de science rationnelle.

Hydraulique. — Pour terminer cette notice historique, nous ne dirons que quelques mots d'une autre branche de la mécanique qui est l'hydraulique.

L'hydrostatique est sortie tout armée du cerveau de Pascal qui l'a créée tout d'une pièce ne laissant plus rien à ajouter à ses successeurs.

Quant à l'hydrodynamique, elle n'a guère su franchir, depuis Toricelli, les limites de l'expérimentation.

CONCLUSION

La statique, l'hydrostatique, la mécanique appliquée, avaient depuis longtemps fait leur entrée dans l'enceinte de l'enseignement élémentaire.

La mécanique rationnelle en avait jusqu'ici semblé exclue.

Nous avons essayé, sinon de l'y introduire complétement, du moins de lui faire prendre pied dans ce domaine nouveau pour elle.

Puissions-nous avoir réussi et puissent nos successeurs aller plus loin que nous dans cette voie.

Paris. — Typographie Georges Chamerot, rue des Saints-Pères, 19. — 6227.

www.ingramcontent.com/pod-product-compliance
Lightning Source LLC
Chambersburg PA
CBHW071705200326
41519CB00012BA/2625